KREATIVE **WOHN**IDEEN

freundin

Kreative Wohnideen

- WÄNDE MARMORIEREN
- BODEN-PUZZLES
- FUNDSTÜCKE AUFMÖBELN
- DEKO-IDEEN
- MÖBEL PATINIEREN

THOMAS EICHHORN

FALKEN

Im FALKEN Verlag sind weiterhin u.a.
folgende erfolgreiche freundin-Bücher erschienen:
4743 Farbberatung für die Wohnung,
4782 Die neue Farbberatung,
4864 Problemzonen

Dieses Buch wurde auf chlorfrei gebleichtem und säurefreiem Papier gedruckt

ISBN 3 8068 4889 0

Herausgeber: Eberhard Henschel/
Chefredaktion freundin
Konzeption: Edda Küffner/freundin
Redaktion: Edda Küffner/freundin
Karin Schulze-Langendorff/FALKEN Verlag
Redaktionelle Mitarbeit:
Tips & Ideen freundin/Leitung Angelika Köhler-Schiessler/Wohnen freundin/Leitung Ina Sodemann
Gestaltung: Rudi Gill, München/
Mitarbeit/DTP-Operating: Franz Pagel
Illustrationen: Heidi Grund-Thorpe
Herstellung: Harald Kraft/FALKEN Verlag

DTP + Satz: GRG, München
Lithografie: Fischer Reprotechnik GmbH,
Frankfurt am Main
Druck: Freiburger Graphische Betriebe GmbH, Freiburg

817 2635 4453

Fotonachweis:

Umschlagfoto (vorne): Rudolf Nüttgens/Das Haus. S. 2: ICI/Dulux. S. 3/4: ICI/Dulux. S. 6: ICI/Dulux; Tretford; Rasch Tapeten; Studio 2000/Das Haus. S. 7: Matteo Manduzio/Das Haus; Hajo Heye/Das Haus; Hajo Willig/Picture Press; Rudolf Nüttgens. S. 8/9: S.F.B. Dietrich. S. 10/11: Winfried Nörenberg. S. 12: S.F.B. Dietrich. S. 13: Winfried Nörenberg (2); S.F.B. Dietrich. S. 14: Winfried Nörenberg; Uwe Bick. S. 15: Winfried Nörenberg. S. 16: Winfried Nörenberg. S. 17: Manfred Spachmann. S. 18/19: ICI/Dulux (3); S.F.B. Dietrich, Matteo Manduzio/elimination/Horst Müller, Einrichtungs GmbH. S. 20: ICI/Dulux; habitat. S. 21: S.F.B. Dietrich (2); ICI/Dulux (2); Kahlbrandt + Kahlbrandt. S. 22/23: ICI/Dulux. S. 24/25: ICI/Dulux. S. 26/27: ICI/Dulux. S. 28: Rudolf Nüttgens; S.F.B. Dietrich. S. 29/30: S.F.B. Dietrich. S. 31: Frank Taeger; S.F.B. Dietrich. S. 32/33: Kahlbrandt + Kahlbrandt; Hüppe Form; Hajo Heye/Picture Press. S. 37: Bosch. S. 38/39: Rasch Tapeten; Hajo Heye/Picture Press. S. 40: Rudolf Nüttgens/Das Haus. S. 41: Winfried Nörenberg/Das Haus; Erfurt Tapeten. S. 44/45: Tretford. S. 46/47: Sven C. Raben/Das Haus (2); Beiersdorf/tesa. S. 48/49: Haro (4); Pergo (2). S. 50: Beiersdorf/tesa. S. 51: Tretford. S. 52: Sven C. Raben/Das Haus. S. 53: Henkel. S. 54/55: Andreas Hoernisch; Frank Taeger/Das Haus. S. 56/57: Manfred Spachmann; Mads Madsen/Das Haus; Rudolf Nüttgens. S. 60/61: Kahlbrandt + Kahlbrandt; Wolfgang Krüger/Picture Press (2). S. 62/63: Hajo Willig/Picture Press; S.F.B. Dietrich; Manfred Spachmann; freundin-Archiv. S. 64/65: Wolfgang Krüger/Picture Press (2). S. 70: Matteo Manduzio/Das Haus; S.F.B. Dietrich. S. 71: S.F.B. Dietrich. S. 72: Stefan Thurmann/Das Haus; Kahlbrandt + Kahlbrandt. S. 73: Bodo Schlechtweg/Das Haus. S. 74: Matteo Manduzio/Das Haus (2); Hajo Willig/Das Haus; Beiersdort/tesa. S. 75: Matteo Manduzio/Das Haus. S. 77: Beiersdorf/tesa. S. 79. Knauf Bauprodukte. S. 80/81: Spaarnestad Syndication; Manfred Spachmann; Hajo Heye/Das Haus. S. 82/83: S.F.B. Dietrich (2); Wolfgang Krüger/Das Haus. S. 84: Manfred Spachmann. S. 85: S.F.B. Dietrich; Manfred Spachmann (2). S. 88/89: Bodo Schlechtweg/Das Haus. S. 90: Bodo Schlechtweg/Das Haus (2); S.F.B. Dietrich. S. 91: Bodo Schlechtweg/Das Haus. S. 92/93: Hajo Willig/Picture Press (2); Albert van Rosendaal/Das Haus. S. 94/95: Hajo Willig/Picture Press. S. 96/97: Rudolf Nüttgens/Das Haus (3); Winfried Nörenberg/Das Haus. S. 102/103: Sven C. Raben/Das Haus; S.F.B. Dietrich. S. 104: Winfried Nörenberg; Bodo Schlechtweg/Das Haus; Thomas v. Salomon (2). S. 105: Thomas v. Salomon. S. 106: S.F.B. Dietrich; Hajo Heye. S. 108/109: Rudi Schmutz/Das Haus. S. 110/111: Rudi Schmutz/Das Haus. S. 114/115: Thomas v. Salomon; S.F.B. Dietrich; Matteo Manduzio/Das Haus; S.F.B. Dietrich. S. 116/117: S.F.B. Dietrich; Rudolf Nüttgens. S. 118: Bodo Schlechtweg/Das Haus. S. 119: Hajo Heye; Karl Bessinger; Hajo Heye/Das Haus. S. 120: S.F.B. Dietrich. S. 121: S.F.B. Dietrich (2); Ralf-C. Stradtmann/Picture Press. Umschlagfoto (hinten): ICI/Dulux; S.F.B. Dietrich.

Dieses Buch ist für Laien geschrieben. Viele der Deko-Ideen, die es enthält, setzen allenfalls Geschick, aber keine größeren handwerklichen Fähigkeiten voraus. Auch Malaktionen wie Wände-Marmorieren, Holzmöbel-Patinieren oder das Aufpeppen alter Stühle lernt sich „by doing" – das heißt, es genügt, die Anleitung aufmerksam zu studieren und sich genau daran zu halten. Wo handwerkliches Know-how notwendig, aber möglicherweise nicht vorhanden ist wie beim Schreinern von Betten, Regalen oder Schreibplätzen, riskiert man besser keinen Frust, sondern läßt sich helfen. Vom Partner, von Freunden, notfalls vom Profi, der über den Auftrag samt Bildvorlage und Kopie der Arbeitsbeschreibung sicher nicht böse ist. Etwas Übung im Heimwerken und sorgfältige Vorbereitung vorausgesetzt, sind jedoch alle WOHNIDEEN dieses Buches auch von Laien in maximal einem Wochenende zu realisieren. Lohn der Anstrengung: das vielbeschworene „Werkstückerlebnis". Man hat etwas zustande gebracht, das man anfassen und anschauen kann. Ein Gefühl, das viele im Beruf vermissen und desto leidenschaftlicher als Hobby-Handwerker(innen) ausleben. Schöner Nebeneffekt: die Befriedigung des angeborenen Nestbautriebes, den durchaus nicht nur die Vögel haben. Denn „gemalert", geschreinert, gebastelt und dekoriert wird ja nicht nur des gesparten Geldes wegen. Es trifft einen Nerv, der mit Lust zu tun hat.

Edda Küffner
freundin-Bücher

Trend bei Wänden: *Effekte mit mehreren Farben*

Trend bei Teppichböden: *selbst entworfene Intarsien einlegen*

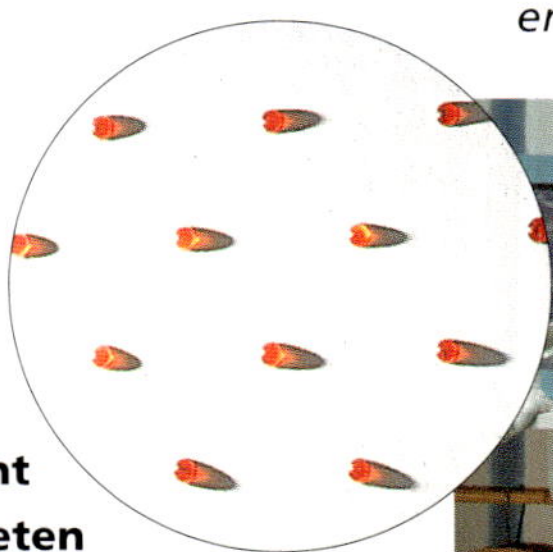

Macht Tapeten aufregend plastisch: *aufgeklebte Halbkugeln*

Schön im Flur: *ein Hauch von Sommerfrische*

Was für Könner: *Kunst im Bad*

Kräutergarten in der Küche: *immer frisches Grün zur Hand*

Spart Platz: *ein Bett, vom Schreibtisch „überrollt"*

Nicht nur was für draußen: *mit Stoffdrapierung wird die Hollywood-Schaukel zum witzigen Inside-Sitzmöbel*

SCHÖNER ZIERRAT AUS GIPS

Stuck-Spiele

Ornamente, Konsolen und Friese schmücken nackte Wände und nüchterne Möbel mit einer Prise barocker Sinnlichkeit. Sachliches wird charmant, Glattes plastisch, Derbes fein. Den romantischen Zierrat bekommt man aus Gips oder aus Hartschaum im Fachhandel oder im Baumarkt. Man kann ihn aber auch selbst mit Schablonen spachteln oder in Form gießen

ROMANTISCHE DETAILS

Eine halbhohe Vertäfelung aus sägerauhen Brettern hebt die Feingliedrigkeit von Stuck-Fertigteilen besonders hervor. Konsolträger werden auf Haken gehängt, Figuren dekorativ aufgestellt und Ornamente (wie an Paravent und Bilderrahmen) einfach mit Sekundenkleber befestigt. ► *Anleitung zum Stuckgießen auf Seite 17*

STERNENHIMMEL

Sterne in drei Größen und ein sichelförmiger Mond verwandeln eine blau gewischte Wand ► *(siehe Seite 24)* in ein stilisiertes Firmament. Die Gestirne werden mit selbst zugeschnittenen Kartonschablonen aufgegipst.
TIP: *Mond und Sterne über und neben einem Fenster „aufgehen" lassen.*
► *Anleitung auf Seite 14*

BLÜTENFRIES

So wird ein billiger beschichteter Schrank zum ausgefallenen Einzelstück: Mit Primer vorstreichen, grau lackieren und oben mit einem selbst gegipsten Stuckfries veredeln.
► *Anleitung auf Seite 14*

BLÄTTERWALD

Im Abstand von 20 bis 25 cm beleben selbstgemachte Gipsblätter eine glatte Wand. **TIP:** *Auf gebrochenen Pastelltönen ist der Effekt am größten.*
► *Anleitung auf Seite 15*

ZIERSÄULEN

Zwei Pilaster betonen eine Tür nach draußen. Passend zugeschnittene Spanplatten in die Wand dübeln, alles weiß streichen, Fronten spachteln, anschließend mit einem Kammspachtel profilieren. ► *Anleitung auf Seite 16*

IDEEN FÜR HOBBY-STUCKATEURE

EIN HAUCH VON ROKOKO

GIPSFLIESEN

Feinspachtel und Fugen imitieren Fliesen. Das Raster kreuzweise aufzeichnen und mit Malerkrepp überkleben. Dann alles zuspachteln, und das Kreppband abreißen. ► *Anleitung auf Seite 15*

GIRLANDEN

Zierleisten-Stuck aus Hartschaum (Baumarkt) krönt das geschwungene Gestell eines halbierten, runden Eßtischs vergangener Tage. Das Fundstück vom Trödler oder vom Flohmarkt wird mit der Stichsäge durchgeschnitten, mit Stuhlwinkeln unter der Platte an die Wand gedübelt, dunkelgrün lackiert und mit Weiß gewischt. ► *Anleitung fürs Wischen siehe Seite 114, „Sentimental Chic"*

Stuckträger (Fertigteile aus dem Handel) halten eine Konsolenplatte. Je nach Aufhängung Schraubhaken als Halt in die Wand dübeln, Konsolen einhängen. **TIP:** *Als Auflage 5 mm dickes Glas verwenden – an den Enden und vorne geschliffen (macht der Glaser).*

KONSOLE

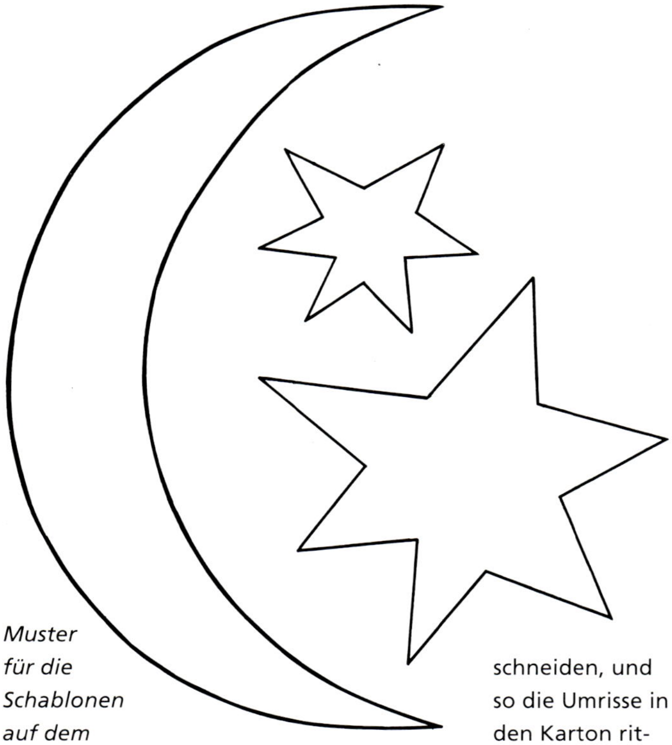

Muster für die Schablonen auf dem Kopierer um 300 Prozent vergrößern, auf Karton übertragen (siehe Punkt 1)

STERNEN-HIMMEL

Idee von Seite 10 oben

Material: Feinspachtel-Masse für Innenräume, 2 mm dicker Karton, Leinöl
Werkzeug: Cutter, Japanspachtel in verschiedenen Breiten, Kreppband

1. Schablonen schneiden
Die oben abgebildeten drei verschieden großen Sterne und den Mond auf einem Kopierer um 300 Prozent vergrößern. Kopien auf den Karton legen und mit Klebestreifen fixieren. Mit dem Cutter zunächst entlang der Linien durch die Kopie schneiden, und so die Umrisse in den Karton ritzen. Für gerade Schnitte ein Lineal als Anschlag verwenden. Die aufgeklebten und jetzt zerschnittenen Kopien entfernen, und nach und nach die Ritzen mit dem Cutter nachfahren, bis der Karton durchschnitten ist. Die fertigen Schablonen satt mit Leinöl tränken, damit sie später nicht aufweichen und leichter zu säubern sind.

2. Wand vorbereiten
Damit die Stuckgestirne auf der Wand haften, muß sie offenporig gestrichen sein, und zwar mit normaler Wandfarbe auf Wasserbasis.
Den changierenden Weiß-Blau-Effekt erzielt man mit dem Schwamm (► siehe dazu S. 24 „Wand-Malereien“). Wenn die Wand tapeziert ist oder nicht klar ist, mit welcher Farbe vorher gestrichen wurde (zum Beispiel auf Rauhfaser), erst einen Haftversuch machen.

Die Gips-Sterne heben sich 2 mm von der Wand ab und bleiben gipsweiß

3. Gestirne auftragen
Die Schablone mit Kreppband auf die Wand kleben. Je nach Größe den passenden Japanspachtel wählen, und einen Batzen Feinspachtel gleichmäßig in dem Ausschnitt verteilen. Darauf achten, daß alle Ecken ausgefüllt sind. Die Oberfläche darf ruhig Spachtelriefen (Rillen) zeigen – so werden die einzelnen Ornamente noch plastischer. Vorsicht beim Ausziehen des Spachtels: Gelangt Spachtelmasse über den Rand der Schablone auf die Wand, bleiben weiße Flecken! Zum Schluß Kreppband lösen, und die Schablone langsam wegklappen. Sofort mit einem feuchten Lappen säubern.

BLÜTENFRIES

Idee von Seite 10 links

Material: wie oben, zusätzlich: Blaupapier, Haftgrund, Kunstharzlack
Werkzeug: wie oben, zusätzlich: Lackrolle aus Schaumstoff, Lackwanne

1. Schablone schneiden
Im Prinzip wie beim „Sternenhimmel“, das Motiv wird hier jedoch im Pausverfahren auf den Karton übertragen. Die vergrößerte Kopie mit

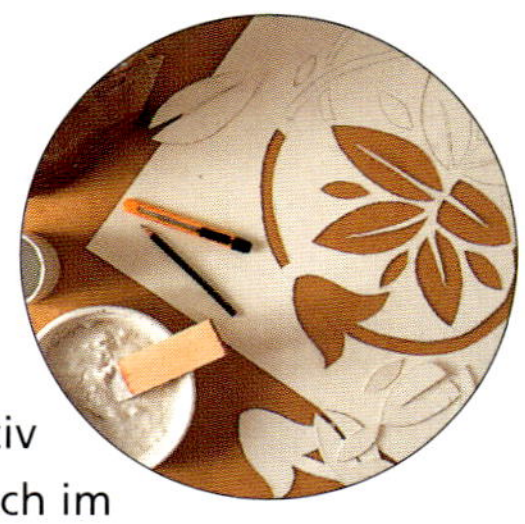

Blütenornamente werden mit dem Cutter in Karton geschnitten, der Gips direkt auf die gestrichene Schranktür gespachtelt

Blaupapier unterlegen, und die Linien mit einem weichen Bleistift nachziehen. Dann mit dem Cutter frei Hand einschneiden.

2. Schrank streichen
Einen preiswerten weiß beschichteten oder furnierten Spanplattenschrank mit Haushaltsreiniger abwischen und einmal mit Haftgrund (oder Primer) streichen. Nach dem Trocknen matten (!) Kunstharzlack mit der Lackrolle zweimal auftragen.

3. Fries auftragen
Wie oben beschrieben. Aber vorher die Türen aushängen und flach aneinander legen, denn das Friesornament läuft über beide Türblätter.

BLÄTTERWALD
Idee von Seite 10 unten

Material, Werkzeug und Technik wie beim „Sternenhimmel", siehe linke Seite

GIPSFLIESEN
Idee von Seite 13 oben

Material: Feinspachtel, Karton (100 x 20 cm), Transparent-Klebestreifen
Werkzeug: breiter Japanspachtel

1. Wand vorbereiten
Der Untergrund darf nicht lackiert sein oder aus alten Fliesen bestehen – am besten ist einfacher, nur mit Wandfarbe gestrichener Putz. Auch gestrichene Rauhfaser eignet sich als Untergrund. Die Gipsfliesen dürfen nicht im Spritzwasserbereich angebracht werden.

2. Raster setzen
Mit dem diagonal verlaufenden Fliesenraster bleibt man am besten halbhoch: 150 cm. Klebestreifen im 45-Grad-Winkel im Abstand von 20 cm diagonal über Kreuz auf die Wand kleben. Vorher mit Bleistift aufzeichnen. Als Lineal und Parallelanschlag eignet sich ein 20 cm breiter, 100 cm langer Streifen Karton. Oben mit einem waagerechten Klebestreifen begrenzen.

3. Fliesen spachteln
In einem Durchgang die gesamte Fläche gleichmäßig dünn zuspachteln. Die Klebestreifen sofort abziehen, damit die Ränder nicht bröckeln.

Klebestreifen unterm Gips strukturieren das Raster. Direkt nach dem Spachteln abziehen

Bei einer Schrankbreite von 80 cm Blütenfries um 480 Prozent auf dem Kopierer vergrößern, mit Blaupapier auf Karton übertragen

ZIERSÄULE

Idee von Seite 11

Material: Feinspachtel, 19 mm und 25 mm dicke Spanplatten, 5-mm-Dübel, 45 mm lange Kreuzschlitz-Schrauben, 2 mm dicker Karton, Leinöl, Wandfarbe weiß

Werkzeug: Stichsäge, Bohrmaschine, Kreuzschlitz-Schraubenzieher, Schleifpapier, Japanspachtel, Teigschaber (Kammspachtel), Flachpinsel

Das Gips-Kapitell wird möglichst in einem Zug mit dem Kammspachtel (unten links) profiliert

1. Pilaster bauen

Eine Ziersäule besteht aus einem 30 cm breiten, 19 mm dicken Spanplattenstreifen (Länge hier 200 cm), einem Fuß (50 x 12 cm) und einem Kapitell (50 x 20 cm). Mittelstück und Rechteck von Fuß und Kapitell im Baumarkt sägen lassen. Die abgetreppte bzw. geschwungene Form von Fuß und Kapitell mit der Stichsäge zuschneiden.

Alle Vorderkanten mit Schleifpapier brechen, d.h. leicht abrunden. Den Kapitell- und Fußumriß (siehe Zeichnung) um 333 Prozent auf dem Kopierer vergrößern und als Schablone benutzen. Kapitellrundungen oben aus dem Mittelteil schneiden, so daß beide Teile ineinander passen. Nach dem Zuschneiden erst den Fuß ebenerdig in die Wand dübeln und schrauben, dann den senkrechten Mittelstreifen und das Kapitell daraufsetzen. Den Abschluß bildet ein 8 cm breiter, von 30 auf 35 cm zulaufender, 19 mm dicker Spanplattenstreifen. Alles mit Wandfarbe weiß streichen.

Kapitellprofil: Vorlage auf dem Kopierer um 333 Prozent vergrößern, mit Blaupapier aufmalen

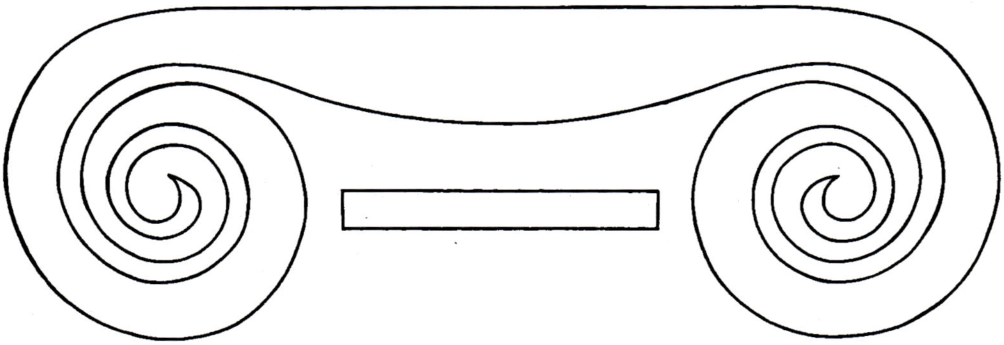

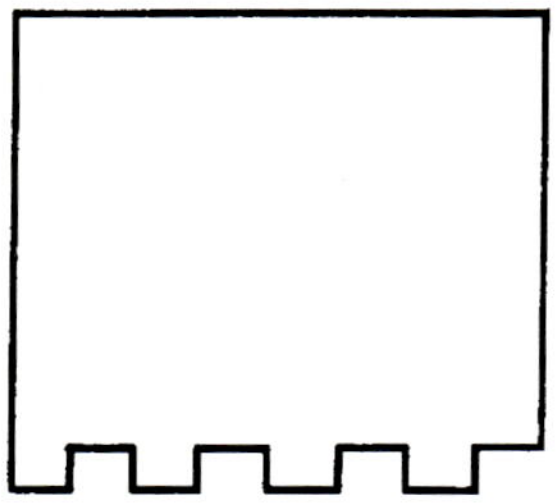

Kammspachtel-Vorlage: Auf dem Kopierer um 100 Prozent vergrößern, aus einem Plastik-Teigschaber schneiden

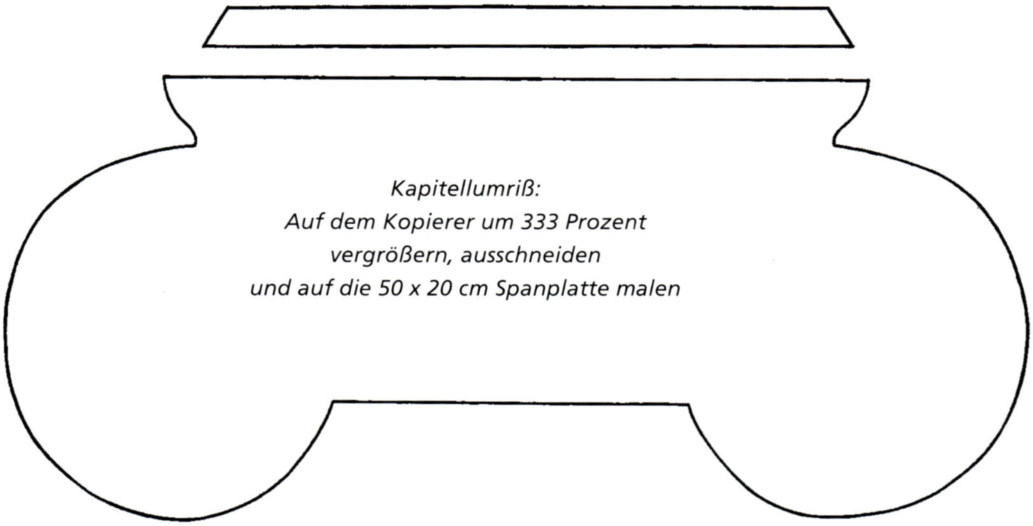

Kapitellumriß: Auf dem Kopierer um 333 Prozent vergrößern, ausschneiden und auf die 50 x 20 cm Spanplatte malen

Fußumriß: Vorlage um 333 Prozent vergrößern, ausschneiden, auf Spanplatte malen, und dann den Fuß ausschneiden

2. Spachteln
Mittelteil und Kapitell mit einer dünnen Schicht Feinspachtel bedecken. Mit einem Kammspachtel, zugeschnittenen aus einem Teigschaber (Zahnraster 2 cm), senkrecht linieren, seitlich 4 cm Abstand lassen. Das Kapitell in einem Zug links und rechts profilieren. Wenn der erste Versuch scheitert: Mit dem Spachtel wieder glätten, und noch mal versuchen. Erst nach 20 Minuten zieht die Spachtelmasse an.

EXTRA-TIP

Selbstgegossene Gipsornamente ergänzen gekaufte Girlanden

Backförmchen als Modell für Wandornamente

Stuckgirlanden aus Gips selber gießen

Material:
Plastik- oder Blechförmchen für den Abdruck, festen Karton, Kreppband, Trennwachs, Silikonkautschuk, Vernetzer, Gipspulver
Werkzeug:
Lineal, Cutter, dicken Pinsel, Behälter zum Gipsanrühren, Rührholz

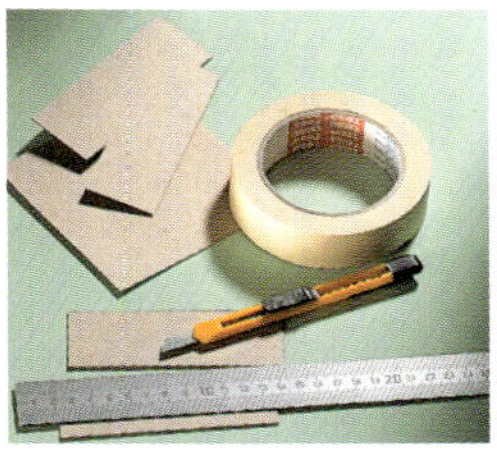

1 Für den Gießformkasten Boden und Seitenteile aus Karton abmessen. Genügend Volumen für das Modell lassen. Ausschneiden und mit Kreppband fixieren

2 Den Gießformkasten und das Modell mit Trennwachs einstreichen. Dünn auftragen. Ecken und Kanten besonders exakt bearbeiten. Bei Bedarf öfter wiederholen

3 Silikonkautschuk nach Vorschrift mit dem Vernetzer verrühren. Zuerst den Kartonboden ausgießen, Modell hineinlegen. Dann bis zum Rand des Kartons aufschütten

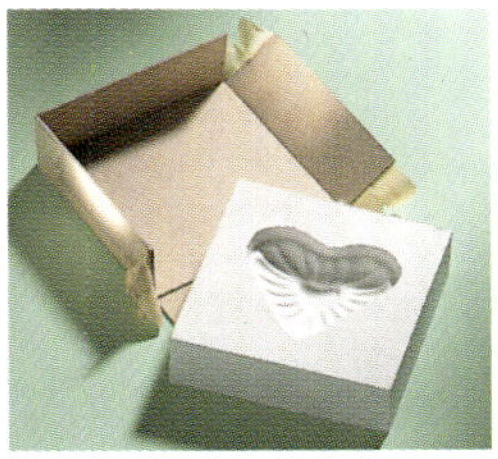

4 Sobald die Oberfläche des Silikonkautschuks trocken ist, die Seitenteile des Kartons aufschneiden, die Vorlage entfernen und die Form vorsichtig herausnehmen

5 Gießpulver mit Wasser im Verhältnis 1:2 anrühren. Sofort ausgießen. Form leicht bewegen, damit keine Luftblasen entstehen. Nach einer Stunde ist das Stuckteil fertig

MARMORIEREN

Wände, auf denen Farben changieren wie die verschiedenen Kalkablagerungen im Marmor, wirken plastisch und wertvoll. Auf eine weiße Wand wird erst Rosé getupft, dann ein Terrakotta-Ton. Anschließend ockerfarbene und / oder weiße Adern einmalen, und die Konturen verwischen.

► *Anleitung auf Seite 24*

MARMOREFFEKTE

Wand-Malereien

Alte Palazzo-Wände beziehen ihren Charme von subtil changierenden Farben. Sie ahmen Marmor nach oder künden mit imitierten Flecken, Adern und bröckelndem Putz von Tradition und aristokratischer Vergangenheit. Die alten Techniken des Marmorierens, Wölkens, Lasierens und Tupfens sind wieder top-aktuell, weil sie Wänden Leben einhauchen und auch für Laien relativ einfach auszuführen sind

WÖLKEN

Je mehr Kontrastfarben man verwendet, desto ausdrucksvoller wird der Anstrich. Gelb, Rot und Blau, mit dem Schwamm in- und übereinander getupft, verleihen einem Dachstuhl subtile Patina.

► *Anleitung auf Seite 24*

MIT PINSEL UND SCHABLONE

LASIEREN

Verwaschene Farben täuschen jahrhundertelanges Verblassen vor. Mit Lasuren, die ungenau und unregelmäßig aufgetragen werden, erzielt man diese Wirkung innerhalb einiger Stunden.

TIP: *30 cm breite Blockstreifen steigern den Verfremdungseffekt und erhöhen optisch den Raum.*

► *Anleitung auf Seite 25*

TUPFEN

Hier bildet eine hellgrün gestrichene Paneele mit lachsfarbenen Tupfern den Hintergrund für einen Sessel, der vor einer einfarbigen Wand nur halb so gut zur Geltung käme. Der Lachston wiederholt sich in der halbhohen Zierleiste. ► *Anleitung auf Seite 25*

Das einfache Punktmuster bewirkt, daß kahle Wände plötzlich leben und der Raum eine persönliche Note bekommt. Die hellgelben Punkte werden frei Hand in 8 cm Abstand auf eine unifarbene Wand getupft.

PUNKTIEREN

SCHABLONIEREN

Schlafen unterm Firmament: Goldfarbene Sterne auf dunkelblauem Grund ergeben einen stilisierten Nachthimmel. Die Sterne werden mit einem Cutter in Karton geschnitten und in regelmäßiger Folge mit Goldfarbe aufgetupft. ► *Anleitung auf Seite 26*

BÜRSTEN

Ein reizvoller Kontrast zu dunklen alten Möbeln: Auf rosafarbenem Grund mit einem in Weiß getränkten Staubbesen kreuz und quer über die Wand wischen. Der improvisiert wirkende Anstrich läßt Möbel und Accessoires doppelt wertvoll erscheinen. ► *Anleitung auf Seite 26*

TUPFEN

Ein in dunkles Pink getupfter und anschließend locker aufgeklopfter Naturschwamm hinterläßt ein relativ ruhiges, aber abwechslungsreiches Muster auf einer glatten weißen Wand. Eine halbhohe, im selben Pink gestrichene Wandleiste bindet das Sofa optisch an. ► *Anleitung auf Seite 26*

MIT BÜRSTE, SCHWAMM UND LAPPEN

KNÜLLEN

Dicht an dicht gesetzte Abdrücke eines zusammengeknüllten Putzleders, die wie geknittertes und wieder glattgestrichenes Seidenpapier aussehen, lassen die Wand plastisch wirken. Hellblaue Wandfarbe wird mit farbloser Lasur verdünnt und der Lederknäuel beim Auftragen immer wieder gedreht, damit die weißen Adern in unterschiedliche Richtungen verlaufen. ► *Anleitung auf Seite 27*

In drei Tupfgängen (I und II), einem Malgang (III) und einem Wischgang (IV) werden drei Farbtöne und helle Adern aufgetragen und mit dem Schwamm verwischt

MARMORIEREN

Idee von Seite 18

Material: weiße, roséfarbene, gelbe, ocker- und terrakottafarbene Dispersionsfarbe für Wände, Packpapier (ca. 50 x 25 cm), evtl. Tapetenkleister, Feinspachtel, 120er-Schleifpapier
Werkzeug: Lammfellrolle, Abstreifgitter, weiche Bürste, Flachpinsel (5 cm breit), 3 Naturschwämme, evtl. Spachtel, Schleifklotz

1. Untergrund vorbereiten
Tapezierte Wände (Mustertapete oder Rauhfaser) eignen sich am besten für Wandmalereien. Lose Stellen eventuell ankleben, Risse und Löcher mit Feinspachtel füllen, nach dem Trocknen mit 120er-Schleifpapier und Schleifklotz glätten. Mit der Bürste Staub entfernen. Alles mit der Lammfellrolle deckend weiß streichen.

2. Rosé auftupfen
Wände rundum durch leichtes Auftupfen des Naturschwamms rosé einfärben (Abb. I). Der weiße Untergrund wird nicht vollflächig geschlossen. Den Schwamm nie in die Farbe eintauchen, sondern immer nur drauftupfen – sonst bleiben keine Stellen weiß. Zur Sicherheit vorher auf Papier ausprobieren.

3. Terrakotta auftupfen
In gleicher Form wie unter 2. beschrieben den zweiten Farbton (Terrakotta) aufbringen. Vornehmlich auf die Stellen tupfen, die weiß geblieben sind (Abb. II). Trotzdem auch im zweiten Arbeitsgang regelmäßig Stellen weiß lassen. Sollten da und dort zu große einfarbige Felder entstanden sein, mit Weiß drauftupfen. Immer mal wieder von der Wand zurücktreten und überprüfen, ob das Muster ausgeglichen aussieht, evtl. nacharbeiten.

4. Gelb auftupfen
In die weiß gebliebenen Stellen Gelb eintupfen, Rosé und Terrakotta dabei fast bedecken, aber auf ausgeglichene Verteilung achten.

5. Adern aufmalen
Das Packpapier längs frei Hand in zwei Streifen reißen. Beide Teile mit etwas Abstand auf die betupfte Wand legen, mit einem in Weiß und / oder Ocker getauchten Flachpinsel entlang der Rißkante eine Ader markieren (Abb. III). Diesen Vorgang im Abstand von ca. 50 cm wiederholen. Zu scharfe Aderkanten mit einem wassergetränkten Schwamm aufweichen (Abb. IV).

WÖLKEN

Idee von Seite 19

Material: hellgelbe, terrakottarote und hellblaue Dispersionsfarbe, evtl. Tapetenkleister, Feinspachtel, 120er-Schleifpapier
Werkzeug: Lammfellrolle, Abstreifgitter, weiche Bürste, 3 Naturschwämme, evtl. Spachtel, Schleifklotz

1. Untergrund vorbereiten
(Siehe „Marmorieren", Punkt 1.)

2. Farben auftupfen
Wie in Punkt 2. bis 4. der Marmorier-Technik beschrieben. Mit Hellgelb beginnen (Abb. I), dann Terrakotta (Abb. II) auftupfen, Hellblau zum Schluß (Abb. III) über beide Farben tupfen. Zu starker Farbauftrag kann durch nochmaliges Übertupfen angeglichen werden.

I

II

III

In drei Tupfgängen bekommt die Wand ein Wolkendekor. Unregelmäßigkeiten sind erwünscht

Leichte Unregelmäßigkeiten sind jedoch erwünscht und tragen zum endgültigen Effekt bei. Immer gilt: Schwamm nie in die Farbe tauchen, immer nur die Schwammunterseite benetzen, evtl. Überschuß vorher auf Papier abtupfen.

LASIEREN

Idee von Seite 20

Material: weiße Wandfarbe, blauer Acryllack, wasserlösliche farblose Lasur, Malerkrepp, evtl. Feinspachtel, 120er-Schleifpapier
Werkzeug: Lammfellrolle, Abstreifgitter, weiche Bürste, Bleistift, Zollstock, breiter Lasurpinsel, evtl. Spachtel, Schleifklotz

1. Untergrund vorbereiten
(Siehe „Marmorieren", Punkt 1.)

2. Blockstreifen abkleben
Die Streifen sind ca. 30 cm breit im Abstand von 20 cm. Sie werden so gesetzt, daß sie links und rechts zu den Ecken denselben Abstand haben. Mit dem Bleistift frei Hand die Außenkanten der Streifen markieren und senkrecht beidseitig mit Malerkrepp abkleben.

3. Blockstreifen ausmalen
Acryllack mit farbloser Lasur mischen, gut umrühren. Mit dem Ausmalen unten beginnen (Abb. I), damit die dünnflüssige Farbe nicht herunterlaufen kann und dunkle Spuren hinterläßt, die sich später abzeichnen. Mit langen Strichen malen, und darauf achten, daß der Pinsel nicht zu naß ist. Farbe unregelmäßig und streifig auftragen.

4. Malerkrepp entfernen
Da die dünne Farbe schnell trocknet, kann man gleich nach dem Ausmalen des letzten Streifens mit dem Abziehen des Malerkrepps beginnen – von oben nach unten (Abb. II). Langsam und stetig ziehen, darauf achten, daß dabei der weiße Grundanstrich nicht von der Tapete abgerissen wird.

I

II

Abgeklebte Streifen mit wässriger Farbe streichen, danach Malerkrepp abziehen

TUPFEN

Idee von Seite 21

Material: hellgrüne und lachsfarbene Wandfarbe, Hartschaum-Profilleiste, Montagekleber in Kartusche, evtl. Tapetenkleister, Feinspachtel, 120er-Schleifpapier
Werkzeug: weiche Bürste, Lammfellrolle, Abstreifgitter, Handspritze (für Kartuschen), Flachpinsel, Ringpinsel, Wasserwaage, evtl. Spachtel, Schleifklotz

1. Wand vorbereiten
(siehe „Marmorieren", Punkt 1, statt weiß grün streichen.)

2. Wand hellgrün streichen
Mit der stets gut auf dem Abstreifgitter abgerollten Lammfellrolle die vorher abgebürstete Wand zweimal streichen. Lammfellrolle erst senkrecht, dann schräg und zuletzt waagerecht führen.

3. Profilleiste streichen und ankleben
Hartschaum-Profilleiste zweimal mit dem Flachpinsel in Pink streichen. In 110 cm Höhe (Türklinkenhöhe) einen waagerechten Bleistiftstrich auf die

Auf die hellgrüne Wand werden mit dem Ringpinsel ganz leicht pinkfarbene Tupfer gesetzt. Pinsel vorher auf einem Lappen sanft abstreifen

Wand zeichnen. Leiste mit Montagekleber (von hinten in Schlangenlinien auftragen) auf die Wand kleben (Bleistiftstrich = Unterkante).

4. Punkte auftupfen
Ringpinsel nur leicht auf die Pinkfarbe tupfen, evtl. Überschuß vorher auf Papier abtupfen, dann in unregelmäßiger und versetzter Folge die Wand unterhalb der Profilleiste punktieren (Abb. oben).

SCHABLONIEREN

Idee von Seite 21

Material: 1 mm dicker Karton für zwei mal zwei verschiedene Sternschablonen (je ca. 20 x 20 cm), nachtblaue Wandfarbe, Goldfarbe, Leinöl, evtl. Tapetenkleister, Feinspachtel, 120er-Schleifpapier
Werkzeug: weiche Bürste, Lammfellrolle, Abstreifgitter, Cuttermesser, Ringpinsel, evtl. Spachtel, Schleifklotz

1. Wand vorbereiten
(Siehe „Marmorieren", Punkt 1, statt weiß nachtblau streichen, wie „Tupfen", Punkt 2.)

2. Sternschablonen anfertigen
Den geraden Stern mit Bleistift und Lineal, den flammenden frei Hand auf den Karton zeichnen. Die Sterne sind ungefähr 10 cm groß. Von jeder Sternform zwei Schablonen anfertigen, damit eine immer trocknen kann. Mit dem Cuttermesser die aufgezeichneten Linien erst einritzen, dann den Karton ganz durchtrennen. Ecken sauber ausspitzen. Schablonen satt mit Leinöl tränken, damit die wässrige Goldfarbe den Karton nicht aufweichen kann.

3. Sterne aufmalen
Die Sterne sind in der Waagerechten ca. 30 cm voneinander entfernt, in der Diagonalen 15 cm. Beim Ausmalen (Abb. unten) immer von innen nach außen arbeiten, nie streichen, immer nur tupfen, damit an den Rändern keine Farbe unter die Schablone gelangen kann und die Umrisse nicht ausfransen. Gerade und flammende Sterne abwechselnd setzen. Darauf achten, daß sich keine nasse Farbe unter der Schablone befindet, damit die Wand nicht verkleckert.

Beim Sternschablonieren wird nicht gestrichen, sondern von innen nach außen getupft

BÜRSTEN

Idee von Seite 22

Material: weiße und hellrosa Wandfarbe, evtl. Tapetenkleister, Feinspachtel, 120er-Schleifpapier
Werkzeug: Lammfellrolle, Abstreifgitter, weiche Bürste, flacher Staubbesen, evtl. Spachtel, Schleifklotz

1. Wand vorbereiten
(Siehe „Marmorieren", Punkt 1. Statt weiß hellrosa streichen, siehe „Tupfen", Punkt 2.)

Für das Bürstendekor einen weichen, schmalen Staub- oder Malerbesen benutzen. Das Streichen vorher üben, weil jeder Farbstrich beim ersten Mal sitzen muß

2. Weiß aufwischen
Weiße Wandfarbe leicht mit Wasser verdünnen. Staubbesen eintunken, überschüssige Farbe auf einem Stück Papier abstreifen, mit dem Besen kreuz und quer über die vorgestrichene Wand wischen (Abb. oben). Vorher üben, denn jede Bürstbewegung darf nur einmal ausgeführt werden – sonst wird der Streifeneffekt übermalt.

TUPFEN

Idee von Seite 22

Material: weiße und pinkfarbene Wandfarbe, Hartschaum-Profilleiste, Montagekleber in Kartusche, evtl. Tapetenkleister, Feinspachtel, 120er-Schleifpapier
Werkzeug: Lammfellrolle, Abstreifgitter, weiche Bürste, Naturschwamm, Flachpinsel, Handspritze (für Kartuschen), evtl. Spachtel, Schleifklotz

1. Wand vorbereiten
(Siehe „Marmorieren", Punkt 1.)

Vor dem Auftupfen den Schwamm immer nur leicht benetzen

2. Profilleiste streichen und ankleben
(Siehe „Tupfen", Punkt 3.)

3. Schwamm-tupfer auftragen
Je mehr man die pinkfarbene Wandfarbe mit Wasser verdünnt, desto geringer, also optisch ruhiger ist der Kontrast zwischen Grundfarbe und Tupfern. Vorher Versuche auf einem großen Stück Papier machen. Naturschwamm leicht mit Wasser anfeuchten. In die Wandfarbe tupfen, evtl. Überschuß auf Papier abtupfen, leicht auf die Wand drücken (Abb.). Tupfer erst weiträumig setzen, dann immer mehr verdichten, verschieden starke Intensitäten gleichmäßig auf der Wand verteilen (Abb. 2). Falls sich dunklere Tupfer an manchen Stellen konzentrieren, mit Weiß nachtupfen.

KNÜLLEN

Idee von Seite 23

Material: hellblaue Wandfarbe, weißer Acryllack, wasserlösliche farblose Lasur, evtl. Tapetenkleister, Feinspachtel, 120er-Schleifpapier
Werkzeug: weiche Bürste, Lammfellrolle, Abstreifgitter, Putzleder, Lackwanne, evtl. Spachtel, Schleifklotz

1. Wand vorbereiten
(Siehe „Marmorieren", Punkt 1. Statt weiß hellblau streichen.)

2. Mit geknülltem Leder tupfen
Weißen Acryllack mit farbloser Lasur verdünnen und in eine Lackwanne gießen. Leder zusammenknüllen (Abb. oben), evtl. Überschuß auf einem Stück Papier abtupfen. Mit dem in Weiß getränkten Leder in unregelmäßigen Abständen die Wand betupfen. Leder immer wieder neu knüllen und beim Auftupfen drehen, damit keine monotonen Abdrücke entstehen. Auf keinen Fall wischen. Technik am besten vorher auf einem großen Stück Papier ausprobieren.

Beim Knüllen Fensterleder immer wieder neu ballen

EXTRA-TIP

Je sorgfältiger die Vorbereitungen, desto schneller geht's

Wände streichen: So wird's perfekt

1. VORBEREITUNGEN
Vorhänge, Bilder, Jalousien, bewegliche Möbel aus dem Raum bringen. Schwere oder sperrige Möbel wie z.B. ein Doppelbett in die Raummitte rücken, damit alle Wände und die Decke frei zugänglich sind. Darauf achten, daß genug Platz für eine Leiter vorhanden ist. Strom abschalten, dann Lichtschalter- und Steckdosenkappen abschrauben. Leuchten abmontieren.

2. ABKLEBEN
Die Fronten von fest eingebauten Schränken sorgfältig mit Malerfolie zuhängen. Die Folie an Kreppband befestigen, das entlang der Möbelkanten aufgeklebt wird. Den gesamten Boden ebenfalls mit Malerfolie bedecken, die an Rändern und Ecken mit Kreppband fixiert wird. Auch sperrige, noch im Raum stehende Möbel abdecken.

3. LÖCHER ZUSPACHTELN
Wenn Bilder später neu gehängt werden sollen, Schrauben oder Haken herausdrehen, Löcher mit Feinspachtel füllen und ebnen.

4. ECKEN UND RÄNDER STREICHEN
Wichtig: Mit dem gekrümmten Malerpinsel alle Ecken ausmalen und alle Wandränder entlang der Fußleisten, Tür- und Fensterrahmen. Wer sauber streicht, braucht hier nicht abzukleben. Wenn die Farbe trotzdem mal auf den Lack kommt, sofort mit feuchtem Tuch abwischen.

5. WANDFLÄCHEN ROLLEN
Rolle und Pinsel vor dem Streichen in sauberem Wasser einweichen, Wasser auf einer alten Zeitung oder einem alten Handtuch herausdrücken. Erst die Decke streichen. Leichter geht es mit einem Besenstil, den man in den Griff der Lammfellrolle steckt. Farbe immer über dem Abstreifgitter auf der Rolle verteilen. Rolle kreuz und quer ziehen, Farbe gleichmäßig und dünn ausrollen. Wände von oben nach unten streichen. Weiß auf Weiß deckt bei einer Markenfarbe meist beim ersten Mal. Auf dunkleren Untergründen frühestens am nächsten Tag noch mal streichen.

AST-WICKELEI

Ein malerisch gekrümmter Ast wird entrindet, mit mattem Kunstharzlack blau gestrichen und mit drei langen Schrauben in 4 cm Abstand um das Fenster gedübelt. Voile (hier mit Muschel-Motiven bedruckt) frei Hand drumherumwickeln.

HANDTUCH-VORHANG

Klassisch karierte Geschirrtücher aus Leinen beschirmen in zwei Etagen ein gemütliches Sprossenfenster. Sie hängen, mit Gardinenklemmen befestigt, an Teleskopstangen, die in der Fenstervertiefung verspannt werden.
TIP: *Da sich das Fenster hinter den Stangen nur noch kippen läßt, sollte ein zweites Fenster zum Lüften vorhanden sein.*

SCHÖNE AUSSICHTEN

Fenster-Dekorationen

Mit schön dekorierten Fenstern schirmt man seine eigene kleine Welt gegen die Nüchternheit draußen ab. Mit Voile, Tüll, Nessel und Leinen lassen sich auch häßliche Fensterrahmen originell oder romantisch verschleiern – ganz nach Geschmack und passend zum Stil der Wohnung

PLUSTER-SPITZE

Was wie kunstvoll gestickt aussieht, ist mit sogenannter Plusterfarbe auf Tüll gemalt. Nach dem Trocknen wird die Farbe gebügelt und das Muster von unten beschnitten. ► *Anleitung auf Seite 34*

FEIN, FRISCH UND FEMININIelement

TULPEN-GARDINE

Zu Bändern gereihte Plastiktulpen aus dem Kaufhaus trotzen trüben Aussichten und erinnern daran, daß der nächste Frühling garantiert kommt.

Die gelben, rosafarbenen und weißen Dauerblüher werden mit Blumendraht aneinandergedrillt und hängen an Nylonfäden und Schraubhaken.

TIP: *Weil Plastik Staub anzieht, Vorhang oben abnehmbar an Schlaufen aufhängen und öfter mal duschen.*

► *Anleitung auf Seite 35*

FENSTER-SCHLEIER

Wenn weicher, transparenter Voile ein rechteckiges Fenster umspielt, verliert es seine Funktion als Belichter und Belüfter und wird zum reizvollen Schmuckstück des Raumes. Zwei Schals hängen an einer Gardinenstange aus Holz, ein dritter schließt waagerecht nach oben ab und fließt seitlich über Deko-Klipse herab.

► *Anleitung auf Seite 35*

Ein Ast als Stange und ein an Schlaufen und Kordeln aufgehängter Baumwollstoff verleihen einem romantischen Sprossenfenster zusätzlichen Charme. Auf einer Seite hängt ein lässig übergeworfener Vorhangschal in denselben Farben, aber mit anderem Muster.

► *Anleitung auf Seite 16*

SCHLAUFEN-GARDINE

LÄSSIG, LEICHT UND LUFTIG

RAFF-GARDINE

Voll verglaste Firstwände gehören zu den Fenstern, die am schwierigsten gegen unerwünschte Einblicke und harten Lichteinfall zu schützen sind. Einfache und schöne Lösung: Alles mit reichlich ungebleichtem Schleiernessel zuhängen, und die üppig bemessenen Gardinenbahnen unter den Schrägen raffen und knoten.

► *Anleitung auf Seite 36*

ROLLO-TRIO

Vor einem breiten Fenster nebeneinander drei Springrollos – das sieht interessant aus und hat zudem den Vorteil, daß sich der Lichteinfall vielfältig regulieren läßt. Die Rollos gibt es in zahlreichen bunten Dessins.

Stoffe mit provencalischen Mustern – bekannt als Tisch-, und Sofaüberwürfe – kleiden auch Fenster mediterranlässig. Drei Deko-Haken übers Fenster dübeln, Stoff links und rechts anknoten, unten mit einem Strang Bast schnüren, von hinten mittig hochbinden.

PROVENCE-LOOK

PLUSTER-SPITZE

Idee von Seite 29

Material: weißer Baumwolltüll, 140 cm breit (die Länge richtet sich nach dem Fenster), weiße Plusterfarbe, 10 Bogen A3-Transparentpapier, durchsichtige Folie, mindestens 140 cm breit und 150 cm lang, Frottier-Badehandtuch, Bügeltuch
Werkzeug: Nähmaschine, dicker schwarzer Filzstift, Dampfbügeleisen, Stecknadeln

1. Tüll vorbereiten
Die senkrechten Kanten des Tülls zweimal je 1 cm auf die linke Seite umschlagen, bügeln und schmalkantig feststeppen. Die obere Tüllkante entsprechend der Aufhängevorrichtung verarbeiten.

2. Spitzenmuster übertragen
Die Mustervorlage im Copyshop um 400 Prozent vergrößern. Jeweils 5 Bogen Transparentpapier neben- und 2 Bogen übereinander an den Kanten mit transparenten Klebestreifen zusammenkleben. Die Fläche muß die Höhe der vergrößerten Kopie und doppelte Breite ergeben. Die senkrechte Mitte mit Bleistift auf dem Transparentpapier markieren. Kopie unter das Transparentpapier bis zur Mittelmarkierung schieben, und das Muster mit schwarzem Filzstift durchzeichnen. Transparentpapier an der Mittelmarkierung falten, und das durchscheinende Muster spiegelverkehrt auf die andere Hälfte durchpausen. Transparentpapier wieder auseinanderfalten – jetzt ist das Muster für die gesamte Gardinenbreite sichtbar. Transparentpapier auf dem Arbeitstisch mit Klebestreifen fixieren. Klarsichtfolie darüberlegen. Am Tüll die senkrechte Mitte mit einigen Stecknadeln markieren und genau über die Mittelsenkrechte der Vorlage legen; die Unterkante ragt etwas über die Vorlage hinaus. Ebenfalls mit Klebestreifen fixieren, Stecknadeln herausziehen. Alle Linien mit Plusterfarbe nachziehen, Rechtshänder beginnen am besten links oben, Linkshänder rechts oben, damit beim Arbeiten die feuchte Farbe nicht verwischt wird. Die Farbe trocknen lassen (am besten über Nacht), sie darf nicht mehr an den Fingern haften.

3. Spitzenmuster aufplustern
Frottierbadetuch auf dem Bügelbrett auslegen. Tüll mit der Zeichnung nach unten darauflegen. Bügeltuch auflegen, und mit dem Dampfbügeleisen Stück für Stück die ganze Gardine bügeln. Beim Bügeln plustert sich die Farbe auf. Zum Schluß die Gardinen dicht am unteren Musterand abschneiden.

Vorlage für die Plusterspitzen-Gardine: Um 400 Prozent vergrößern, mit Filzstift auf Transparentpapier übertragen, Tüll darauflegen, und Linien mit Plusterfarbe nachzeichnen

Zum Aneinanderketten der Plastiktulpen Blumendraht zum Glühen bringen und Löcher einbrennen

FENSTER-SCHLEIER

Idee von Seite 30

Material: Holz-Gardinenstange mit Befestigung, 2 Deko-Klipse, weißer Voile, Dübel, Schrauben
Werkzeug: Schlagbohrmaschine, Nähmaschine, Stoffschere

1. Voile ausmessen
Der Schleier besteht aus drei Voile-Bahnen. Zwei Schals mit Schlauchnaht hängen links und rechts an der Gardinenstange, einer liegt lose drapiert über Deko-Klipse darauf. Vorhangstange 10 cm über und seitlich je 15 cm neben dem Fenster andübeln. Distanz zum Boden messen, unten 20 cm plus 2 cm Nahtzugabe, oben Stangenumfang plus 3 cm in der Länge zugeben, 2fache Fensterbreite berechnen.

Zwei Voile-Schals hängen an der Vorhangstange, ein dritter wird oben quer über den Stangenenden drapiert

Der lose drapierte Schal mißt die Fensterhöhe plus die einfache Fensterbreite. Erst waschen, dann zuschneiden.

2. Voile nähen
In der Breite möglichst Webkanten als sauberen Abschluß nutzen. Unten Stoff 2 x 1 cm umschlagen, schmalkantig steppen. An der oberen Kante zuerst den Stoff 1 cm breit nach links bügeln, dann in der halben Breite des Stangenumfangs plus 3 cm nach links bügeln und schmalkantig feststeppen. Deko-Schal an den Enden rundum 2mal je 1 cm breit nach links umschlagen, bügeln und feststeppen.

TULPEN-GARDINE

Idee von Seite 31 oben

Material: weiße, rosafarbene und gelbe Plastiktulpen, Blumendraht, Dübel, Schraubhaken
Werkzeug: Bohrmaschine, Kneifzange, Spitzbohrer

1. Tulpen aneinanderbinden
In den Stiel und in ein Blütenblatt mit einem glühenden Spitzbohrer (über einer Kerzenflamme erhitzen) je ein Loch schmelzen. Blumendraht in 3 cm lange Stücke knipsen, Blüte und Stielende mit den Drahtenden verbinden, vorsichtig mit der Zange verdrillen. Die obere Tulpenblüte wird an einen Nylonfaden geknotet.

2. Tulpenschnüre aufhängen
Die Reihen hängen ca. 10 cm auseinander. Fensterbrüstung oben in gleiche Abstände unterteilen, 2 cm vor der Wandkante Schraubhaken eindübeln (4er-Dübel). Die Schnüre hängen an Nylonfäden. Ihre Länge so abwechseln, daß später die Tulpen in versetzter Folge nebeneinander hängen. Unten baumeln die Schnüre frei über der Fensterbank.

SCHLAUFEN-GARDINE

Idee von Seite 31 unten

Material: 3 cm dicker geschälter Ast (30 cm länger als Fensterbreite), zwei 15 cm lange, 8 mm dicke Schloßschrauben mit durchgehendem Gewinde, zwei 8er-Kontermuttern, 8er-Dübel, zwei Deko-Klipse, blau-weiß karierte und blau-weiß gestreifte Baumwolle, blaue Kordel, Bleiband
Werkzeug: Bohrmaschine, Schraubenschlüssel, Nähmaschine

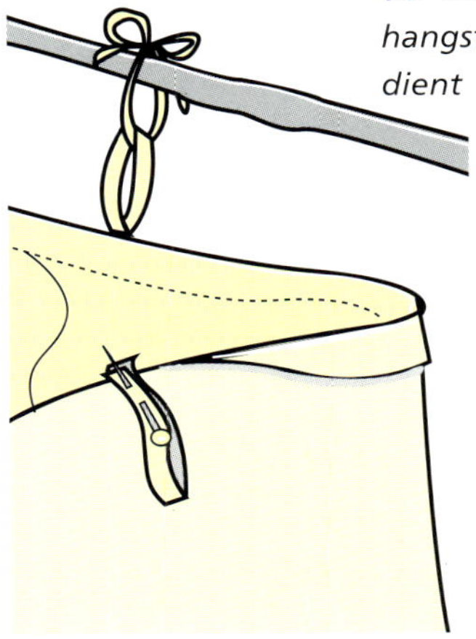

Schlaufen werden mit Kordeln an einen urwüchsigen Ast geschnürt, der als Vorhangstange dient

1. Gardinenstange anbringen
Der Ast sollte möglichst gerade gewachsen sein. Wenn das Fundstück aus dem Wald lange genug getrocknet ist, läßt sich die Rinde von Hand abbröckeln. Beidseitig (Distanz: Fensterbreite plus je 10 cm) 8 mm-Löcher durchbohren. Schloßschrauben von vorne durchstecken. In 8er-Dübel oberhalb des Fensters in die Wand schrauben (Distanz zur Wand ca. 7 cm). Kontermuttern anziehen. Deko-Klipse verdecken später die Muttern.

2. Vorhangbahnen messen und nähen
Die mit Schlaufen befestigte Stoffbahn ist 1,3 mal so breit wie das Fenster und stößt unten 10 cm auf. Die Schlaufen sind 10 cm lang. Für die Vorhanglänge den Abstand von der Stange bis zum Boden ausmessen plus 4 cm Nahtzugabe. Für den Stoffkauf die Stoffmenge für die Schlaufen dazurechnen; pro Schlaufe werden 8 x 22 cm benötigt. Die Schlaufenstreifen in der Mitte rechts auf rechts falten, und die Längskante 1 cm breit steppen. Schlaufen wenden und bügeln. Zum Säumen der Vorhangbahn den Stoff rundum 2mal je 1 cm breit auf die linke Seite umschlagen und bügeln. Die Schlaufen zur Hälfte legen und in Abständen von 15 cm auf der linken Seite der oberen Kante feststecken. Säume schmalkantig steppen, dabei die Schlaufen mitfassen. Zum Schluß die Schlaufen mit blauer Kordel am Ast festknoten.

3. Deko-Schal messen und nähen
Der gestreifte Stoff hat zweimal die Länge zwischen Stange und Boden plus 80 cm Zugabe, damit er üppig auf den Boden fließt. Die Kanten rundum 1 cm breit säumen, und die Bahn an einer Seite über die Stange hängen.

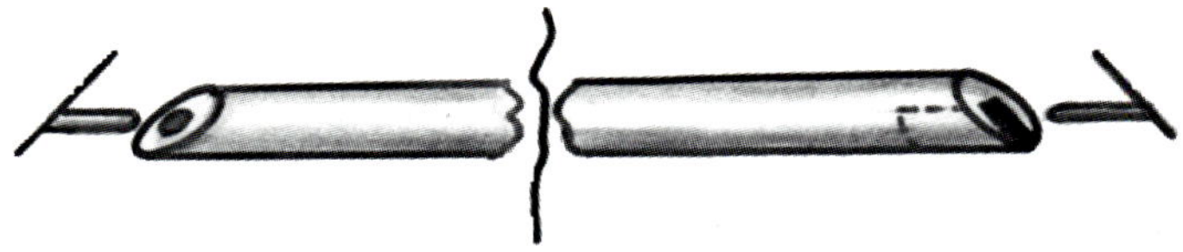

Eine 3 cm dicke Gardinenstange wird an beiden Enden abgeschrägt, links auf einen Dorn gesteckt, rechts aufgelegt

RAFF-GARDINE

Idee von Seite 32

Material: ungebleichter oder zart gefärbter Schleiernessel, Klettband, 3 cm dicke Gardinenstange aus Holz, zwei 6 mm dicke Steckdorne mit Gewinde
Werkzeug: Bohrmaschine, Stecheisen, Nähmaschine, Tacker

1. Gardinenstange anbringen
Um die Länge zu bestimmen, die Distanz zwischen den Dachschrägen auf Höhe des oberen Fensterrahmens ausmessen. Stangenenden beidseitig schräg wie die Dachneigung ablängen. In beide Dachschrägen je einen Dorn schrauben. Linkes Stangenende mittig einbohren, rechtes Ende mit dem Stecheisen einkerben. Die Stange wird links auf den Dorn geschoben, rechts von oben eingeklinkt.

2. Schleiernessel messen und nähen
Stoffverbrauch nach dem Meßschema ausrechnen, und 10 Prozent für das Einlaufen zugeben. Bei 60 Grad waschen. Vorhangschals nach dem Meßschema zuschneiden, seitlich und unten je 2 x 1 cm Nahtzugabe dazurechnen. Auf die linke Seite bügeln und schmalkantig feststeppen. Für die Schlauchnaht oben den Stoff zuerst 1 cm und dann 15 cm nach links umschlagen, bügeln und schmalkantig feststep-

pen. An den Kanten c und d auf die linke Vorhangseite die weiche Klettbandhälfte aufnähen.

3. Klettband antackern
Senkrecht unter der Gardinenstange mit Bleistift den Verlauf des Klettbands aufzeichnen – bis auf den Boden. Oben mit dem Antackern beginnen, Klammern quer setzen, ca. alle 10 cm. Stoff faltenlos rechts und links von oben nach unten andrücken.

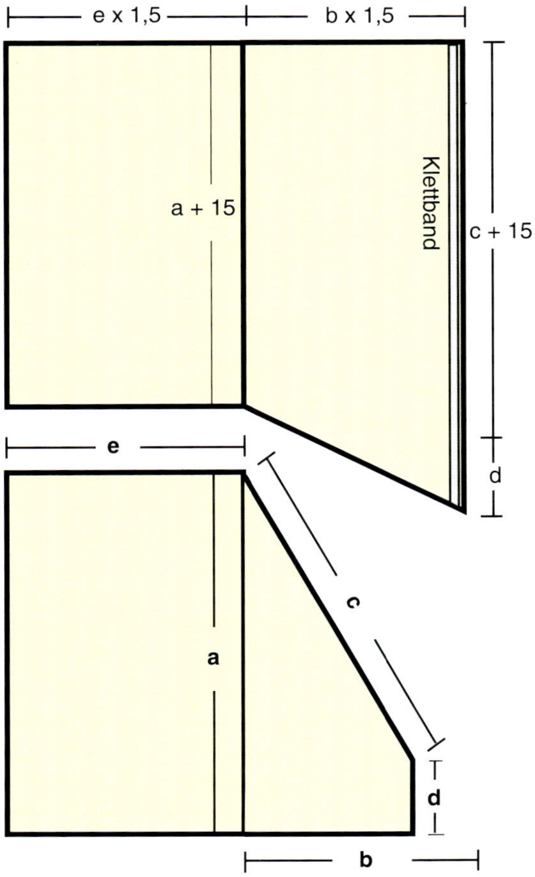

Mengen- und Zuschnittschema für die rechte Hälfte der Raffgardine. Den linken Vorhang entsprechend spiegelverkehrt bemessen und zuschneiden

EXTRA-TIP

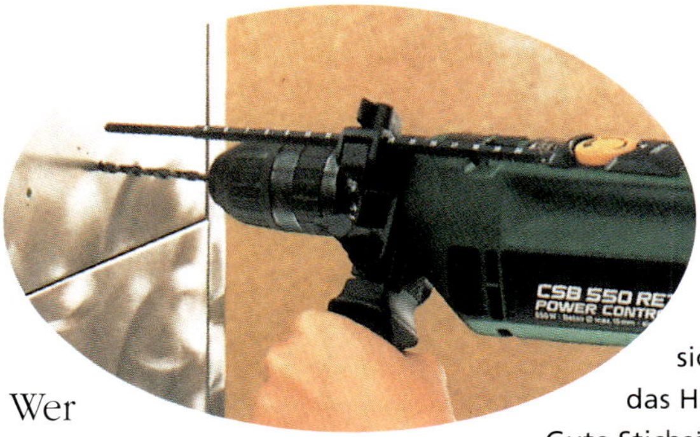

Absolutes Muß: eine multifunktionale Bohrmaschine

Wer sich selbst ans Sägen, Bohren, Schleifen und Tackern macht, tut sich mit Profi-Werkzeug leichter

Ohne Werkzeug geht's nicht

1. BOHRMASCHINE

Eine moderne Bohrmaschine eignet sich nicht nur als Schlagbohrer für das Dübeln in Wände, sondern kann mit Rechts-Links-Lauf auch zum Ein- und Ausschrauben eingesetzt werden. Dazu muß sie über eine elektronische Drehzahlregulierung verfügen, mit der man langsam Schrauben eindrehen kann. Neuerdings brauchen Bohrer oder Schraubeinsatz nicht mehr mit dem Bohrfutterschlüssel festgestellt, sondern können im Schnellspannfutter mit einem Dreh eingesetzt werden. Auch neu: Maschinen mit Akku. Damit braucht man keine Verlängerungsschnur mehr und kann bequem auf der Leiter oder im Garten arbeiten.

2. STICHSÄGE

Im Gegensatz zu normalen Stichsägen können Pendelhub-Modelle ohne Bohrung direkt von oben ins Holz schneiden und bewältigen auch enge Kurvenschnitte, ohne sich festzufahren oder das Holz zu verbrennen.

Gute Stichsägen schneiden Platten und Bretter bis 8 Zentimeter Dicke, das Sägeblatt kann ohne Werkzeug gewechselt werden, die Bodenplatte läßt sich bis auf 45 Grad neigen für Gehrungsschnitte. Kriterien für die Auswahl sind auch: Vibrationsarmut, eine transparente Schnittabdeckung und stufenlose Geschwindigkeitsregelung.

3. EXZENTERSCHLEIFER

Schwabbelt sanft wie ein Schwingschleifer und rotiert gleichzeitig kräftig wie ein Schleifteller. Das Zusammenwirken beider Bewegungen trägt viel Oberfläche ab, ohne Riefen einzuschleifen. Schleifpapier und -teller sind gelocht, so daß der Staub direkt abgeführt und gesammelt wird im Staubbeutel. Durch einen zweiten Griff vorne kann die Maschine gleichmäßig und beidhändig geführt werden.

4. TACKER

Zum schnellen Heften von Isoliermaterial, Folien, Stoffbespannungen und Nut- und Federbrettern. Gute Tacker können mit einer Hand bedient werden – trotz hoher Schlagkraft. Das Magazin faßt entweder Nägel oder Klammern. Für exakte 90-Grad-Befestigungen kann man einen Schuh als Auflage anbringen.

TAPETEN-MIX

Vertäfelungseffekte kann man auch mit Tapeten erzielen. Hier erweckt eine Blockstreifentapete mit Bordüre den Eindruck einer rundumlaufenden Paneele. Oberhalb der Bordüre schließt Tapete mit Wischoptik an. **TIP:** *Bei Tapeten-Mix dieser Art eine Farbe (hier Grün) dominieren lassen.*

BORDÜRENTREND

Tapeten-Show

Tapeten können mehr sein als nur Hintergrund für Möbel und Bilder. Mit Tapeten lassen sich heute Effekte erzielen, die sich früher höchstens Schloßherren leisten konnten: fein komponierte Kontraste zwischen Bordüren und Bahnen, exakte Übereinstimmung von Vorhang- und Tapetenmustern, raffinierte Licht- und Schattenspiele, die Wände fast zu Objekten machen

KINDGERECHT

Goldener Mittelweg zwischen einfarbig und wild gemustert: Bordüren mit bildhaften Motiven auf betont dezentem Tapetenhintergrund. Wird die Bordüre im Kinderzimmer angebracht, darauf achten, daß sie nicht zu hoch, sondern in Augenhöhe der Kinder sitzt. **TIP:** *Passend zur Bordüre den Vorhang wählen.*

PHILIPS
PHILIPS
PHILIPS
PHILIPS

WÄNDE ZUM BESICHTIGEN

NEO-KLASSIK

Ausgefallene Idee für die Schiebetüren einer abgeteilten Duschnische: Jede mit einem anderen auffälligen, aber thematisch passenden Motiv tapezieren. Unverzichtbar als beruhigendes Element im Hintergrund: eine schlichte Streifentapete, die beim Blick auf die exzentrischen Motive immer mitgesehen wird.
TIP: *Alle drei Tapeten sollten aus einer Kollektion stammen, damit die Farb- und die Weißtöne exakt gleich sind.*

PERLEN-TAPETE

Aufgeklebte Halbkugeln aus farbigem Glas werfen im Streiflicht dramatische Schatten an die Wand. Tapete und Halbkugeln gibt es im Set fertig zu kaufen. Man kann sich aber auch mit Knöpfen auf weißer Rauhfaser selbst eine originelle Tapete kreieren.
► *Anleitung auf Seite 43*

WAND-BILDER

Mit einem Diaprojektor ein plakatives Motiv auf die Wand projezieren, die Konturen mit Bleistift nachzeichnen und mit Wandfarbe ausmalen.
► *Anleitung auf Seite 43*
TIP: *Alle Motive beim Nachzeichnen auf Umrisse reduzieren – sonst ist das Ausmalen zu kompliziert.*

TAPETEN-MIX

Idee von Seite 38

Material: Tapeten aus Papier oder Vinyl, mit Streifen für den unteren und Wisch-Optik für den oberen Wandbereich, Bordüre, Tapetenkleister
Werkzeug: Tapeziertisch, -schiene, -messer, -schere und -bürste, Senklot, Nahtroller mit glatter Oberfläche, evtl. ein Stahllineal mit Abreißkante, Kleisterbürste und -eimer

1. Untergrund vorbereiten
Schadhafte Putzstellen und alte Dübellöcher anfeuchten. Spachtelmasse mit dem Spachtel in die Vertiefungen drücken, evtl. noch einmal mit Schleifpapier nachschleifen. Mit dem Senklot direkt neben dem Fenster in Tapetenbreite eine senkrechte Linie markieren.

2. Papiertapete berechnen
Auf Papiertapeten können Bordüren einfach aufgeklebt werden (auf Vinyltapeten nicht – siehe oben). Die Länge der oberen Tapete mit Wisch-Optik errechnet sich deshalb aus der Distanz Decke – Fensterbrett plus halbe Höhe der Bordüre. Die Streifentapete schließt bis zum Boden an. Wo beide Tapeten zusammenstoßen, wird mittig die Bordüre aufgeklebt. Damit die Tapeten-Paneele gerade wird, das Ende der oberen Tapete im ganzen Raum anzeichnen.

3. Vinyltapete berechnen
Da Vinyltapeten dick sind, werden Bordüren direkt auf die Wand geklebt. Die Wisch-Optik-Tapete endet in diesem Fall in Höhe des Fensterbrettes, die Streifentapete direkt an der Unterkante der Bordüre. Die Fensterbretthöhe rundum anzeichnen, damit die Bordüre nicht schief verläuft.

4. Tapeten schneiden
Generell gilt: Bei allen Bahnen zum errechneten Längenmaß 5 cm dazugeben. Falls es einen Musterrapport gibt (wird immer auf der Tapetenverpackung in cm angegeben), zum errechneten Längenmaß 5 cm dazugeben. Tapetenbahnen zuschneiden. Länge der Bordüre von Zimmerecke zum Fenster bzw. anderen Mauereinschnitten ausmessen und mit 5 cm Zugabe zuschneiden.

5. Tapeten einkleistern und kleben
Ca. 3 – 4 Bahnen auf der Rückseite einkleistern. Klebeflächen aufeinanderlegen und einweichen lassen. Stehen die Kanten der Tapeten nach leichtem Andrücken nicht mehr hoch, können sie verklebt werden. Während des Einweichens im Bereich von 3 – 4 Tapetenbahnen die Wand ebenfalls mit Kleister einstreichen. Erste Bahn öffnen und unter der Decke ankleben, mit flacher Hand andrücken.
Ganz wichtig: Die Tapetenlängskante der ersten Bahn an der Linie des Senklots ausrichten. Die Tapezierschiene unter der Tapete in Höhe der Markierung anlegen, Tapete flach auf die Tapezierschiene legen, und mit dem Tapeziermesser entlang der Kante Überstand abschneiden. Mit der Tapezierbürste gut andrücken, dabei eventuelle Luft- und Kleisterblasen seitlich herausdrücken. Zweite Bahn auf Stoß an die erste ansetzen, Unterkante abschneiden. Nach dem Anreiben mit dem Nahtroller die Tapetenkanten andrücken. Je nach Art der Tapete (Vinyl oder Papier) folgt nach den oberen Tapetenbahnen die Bordüre (bei Vinyl) bzw. die Streifentapete (bei Papier). Mit dem Ankleben der Streifentapeten wieder neben dem Fenster beginnen. Bei Papiertapeten die Bordüre zum Schluß aufkleben.

KIND-GERECHT

Idee von Seite 38/39

Material und Werkzeug: *(siehe „Tapeten-Mix".)*

1. Untergrund vorbereiten
(siehe „Tapeten-Mix", Punkt 1.)

2. Tapeten schneiden und einkleistern
Tapetenbahnen ausmessen, und ca. 8 – 10 cm pro Bahn dazurechnen. Falls ein Musterrapport vorhanden ist, ebenfalls mit dazurechnen. Bahnen einkleistern, eine Querkante ungefähr bis zur Mitte der Bahn mit der Kleisterfläche aufeinanderlegen, die gegenüber-

liegende Querkante ebenfalls bis zur Mitte legen, danach von der Schmalseite her die Bahnen aufrollen. Tapeten einweichen lassen, in der Zwischenzeit den Untergrund mit Kleister einstreichen. Die Tapeten kleben, wie bei „Tapeten-Mix" unter Punkt 5 beschrieben.

3. Bordüre aufkleben
Höhe der Bordüre auf Augenhöhe von Kindern festlegen. Höhe der Bordürenunterkante rundum mit Bleistift anzeichnen. Bordürenlänge ausmessen und mit 5 cm Zugabe zuschneiden. Bordüre einkleistern, einweichen lassen und aufkleben. Hervortretenden Kleister mit einem feuchten Tuch abwischen.

PERLEN-TAPETE

Idee von Seite 40

Material: entweder Rauhfasertapete mit feiner bis mittlerer Körnung oder weiße Tapete, mit vorgeprägten flachen Eindrücken für die Perlen, pro Quadratmeter 12 Glas- oder Plastik-Halbkugeln mit 2,5 cm Durchmesser, transparenter Kontaktkleber, weiße Dispersionsfarbe, 1 mm dicker Karton (40 x 50 cm), Kleister
Werkzeug: Tapezierwerkzeug, außerdem: Lammfellrolle, Gitter für Farbeimer

1. Tapezieren und streichen
Wände vollflächig mit vorgeprägter Tapete oder mit Rauhfaser tapezieren (siehe „Tapeten-Mix" Punkt 4 und 5). Rauhfaser nach dem Trocknen mit weißer Wandfarbe zweimal streichen.

2. Perlen markieren
(Gilt nur für Rauhfaser.) Den 40 x 50 cm großen Karton vierteln (siehe Zeichnung), und in die Mitte ein Loch stechen. Wandlänge durch 40 cm teilen (Schablonenbreite), Wandhöhe durch 50 cm (Schablonenlänge). Ermitteln, wie das Raster aufgeht. Mit der Schablone, in einer Raumecke beginnend, Klebepunkte der Perlen mit einem Bleistift markieren: An allen vier Ecken und in der Mitte einen Punkt auf der Tapete markieren, Schablone an zwei Außenpunkten ansetzen, weitermarkieren, bis die Wand komplett erschlossen ist.

3. Perlen kleben
Halbkugeln rückseitig mit Kleber einstreichen, Prägefeld oder Bleistiftmarkierung vorsichtig im Durchmesser von ca. 2 cm mit Kleber streichen, ca. 10 Minuten ablüften lassen, Halbkugeln aufdrücken.
TIP: *Statt Halbkugeln kann man auch halbierte Golf- oder Tennisbälle, Kronkorken oder Drehverschlüsse, Knöpfe oder Deckel verwenden. Je größer die aufgeklebten Gegenstände sind, desto größer sollte jedoch ihr Abstand zueinander sein.*

WAND-BILDER

Idee von Seite 41 unten

Material: Rauhfasertapeten mit feiner bis mittlerer Körnung, Wandfarbe, Transparentpapier, schwarzer Filzstift, 9 Diarähmchen
Werkzeug: Tapezierwerkzeug, Diaprojektor, Bleistift, Pinsel in verschiedenen Breiten

1. Wand tapezieren
(Siehe „Tapeten-Mix".) Vor dem Bemalen austrocknen lassen.

2. Motiv projezieren
Als Vorlage eignen sich alle plakativen Motive, die farblich klar gegliedert sind. Die Konturen müssen exakt gezeichnet sein. Vorlage auf 11 x 11 cm vergrößern oder verkleinern, Transparentpapier darüberlegen und durchzeichnen. In 9 Quadrate zerschneiden, und in Diarähmchen einsetzen. Die Dias mit dem Projektor an die Wand projezieren, und mit dem Bleistift alle Konturen aufzeichnen. Die Farbflächen mit zweifachem Anstrich ausmalen.
TIP: *Im Baumarkt oder im Tapetenhandel gibt es Muster mit einer Vielzahl vorgezeichneter Motive, die man in den Projektor einspannen, an die Wand projezieren und dort ausmalen kann.*

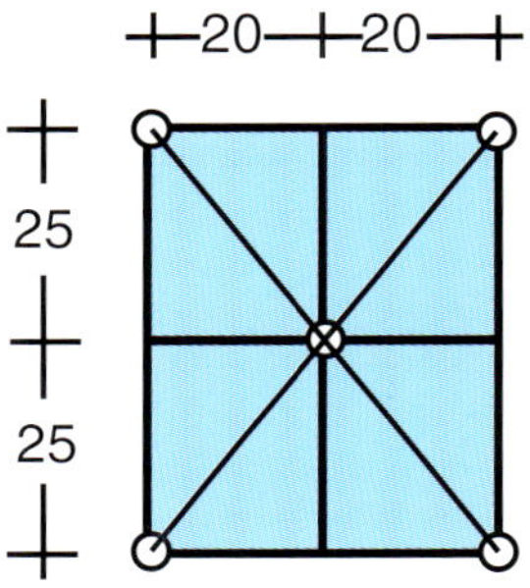

Muster einer Pappschablone für das Markieren der Klebepunkte für Glas-Halbkugeln. Maße in Zentimeter

BLICK-PUNKT

Mit solchen frei Hand geschnittenen Intarsien lassen sich interessante Akzente setzen oder auch schadhafte Stellen im Teppichboden kaschieren.

SCHATTEN-SPIELE

Verwendet man für die Intarsien Material mit gerippter Oberfläche, steigern die jeweils um 90 Grad versetzten Rippenverläufe die Wirkung: Zusätzlich zum Farbkontrast trennen die Schattenlinien die einzelnen Felder. Rechtecke, Quadrate und Dreiecke erlauben unzählige Variationen.

► *Anleitung auf Seite 50*

INTARSIEN IM TEPPICH

Boden-Puzzles

Teppichboden stellt auch als Puzzle-Werkstoff seine Vorteile unter Beweis: weich, warm, farbenfroh und leicht zu verarbeiten. Mit eingeschnittenen Intarsien kann man Böden gliedern, Räume akzentuieren oder Flecken kaschieren. Andere Möglichkeit: Patchwork-Teppiche aus Teppichresten. In verschiedenen Farben und Mustern zusammengesetzt, bilden sie wohnliche Inseln im Raum. Tip für alle, die einen harten Boden brauchen: Auch aus Laminatbrettern lassen sich dekorative Boden-Puzzles legen

PATCHWORK AUS TEPPICHRESTEN

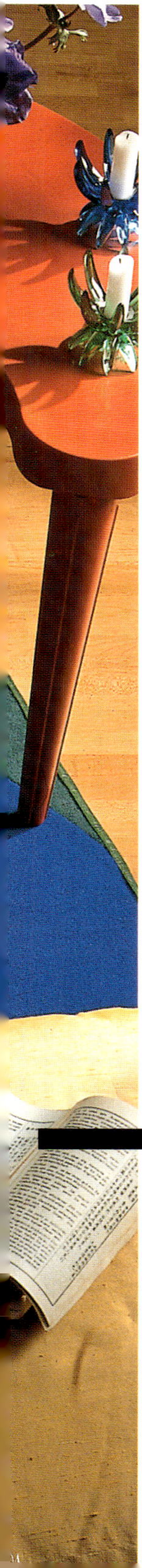

ZACKEN-FRIES

Sieht dekorativ aus und ist außerdem noch praktisch: Vor einer Tür, die nach draußen auf die Terrasse führt, ist Teppich in einer dunkleren, unempfindlichen Farbe verlegt. Das Zinnen- und Zackenmuster kann beliebig variiert werden.

► *Infos auf Seite 52*

FARB-FELD

Ein Puzzle aus schlichten Rechtecken ist einfacher zu machen und trotzdem sehr effektvoll, vor allem, wenn die Farben leuchten und sich stark voneinander abheben. Schöner Kontrast zur strengen Geometrie der Puzzle-Teile: ein ovaler oder ein nierenförmiger Tisch.

LIEGE-WIESE

Drei Teppichreste greifen ineinander und bilden ein großflächiges Puzzle. Reizvoll: die Kombination von Unifarben und bildhaften Mustern. Wichtigstes Kriterium bei der Farbwahl: daß die Farben zu anderen, im Raum vorhandenen Tönen passen.

► *Anleitung auf Seite 52*

BRETTSPIELE MIT LAMINAT

MUSTER-MACHER

Dünne kunststoffbeschichtete Platten, die aussehen wie Holz, Stein oder Terrazzo und kaum dicker sind als Teppich, machen Karriere als Bodenbelag. Sie sind zwanzigmal härter als Küchenarbeitsplatten und unempfindlich gegen Kratzer und Flecken aller Art. Da sich die Nut- und Federbretter beim Verlegen beliebig ineinanderstecken lassen, sind Farbkombinationen und (geometrischen) Mustern kaum Grenzen gesetzt. ► *Anleitung auf Seite 53*

FOLKLORE-EFFEKT

Rechtwinklig versetzte oder gereihte Platten ergeben immer ein folkloristisch-kraftvolles Muster. Sie werden mit Holzleim verleimt und „schwimmend" verlegt – wie Fertigparkett.

Teppich-Intarsien werden immer von oben geschnitten, gerade Linien mit einem Alu-Lineal. Fixieren mit Dispersionsklebstoff

TEPPICH-INTARSIEN

Idee von Seite 44/45

Material: Teppichboden, der in allen Richtungen schnittfest ist und nicht ausfranst (z.B. aus Ziegenhaar) in mindestens 2 Farben, Dispersionskleber oder zweiseitiges Klebeband.
Oder: selbstliegende Fliesen (50 x 50 cm, siehe Extra-Tip rechts)
Werkzeug: Teppich- oder Cuttermesser mit Trapezklingen, Maßstabslineal, Schneidelineal, Deko-Nadeln, Zahnspachtel (Typ B1)

1. Untergrund vorbereiten
Am besten eignen sich ebener Estrich oder Verlegeplatten (Spanplatten mit Nut und Feder). Allgemein gilt: Der Untergrund muß eben, trocken, sauber, zug-, druckfest und rißfrei sein (eventuell mit Ausgleichsmasse egalisieren). Alte Teppichreste mit Spachtel entfernen, alte Klebstoffe ebenso, notfalls abschleifen, Boden absaugen.

2. Lage der Intarsie bestimmen
Am einfachsten ist es, die gesamte Bodenfläche mit Meterware auszulegen und dort, wo die Intarsie hinkommen soll, später ein passendes Feld auszuschneiden. Den Raum entsprechend ausmessen, und die Quadratmeter für den Grundteppich errechnen. Mit Blick auf die Stellung der Möbel festlegen, wo die Intarsie hinkommen soll und wie groß sie werden kann. (Im Beispiel auf Seite 44/45 besteht sie aus einem großen Quadrat, das in Rechtecke, Dreiecke und Quadrate unterteilt ist.) Die Lage der Intarsie im Raum ausmessen. Dann Zimmergröße und Lage der Intarsie auf Millimeterpapier übertragen.

3. Intarsien entwerfen
Zunächst auf dem Papier festlegen, wie das Intarsienmuster aussehen soll. Im Beispiel auf Seite 44/45 ist es so gestaltet, daß es sich auch aus Teppichfliesen schneiden läßt – eine besonders elegante, weil einfache Lösung (siehe auch Seite 51). Wenn Sie das Musterblatt mit dem Intarsienmuster mehrmals kopieren, können Sie es in unterschiedlichen Farben ausmalen und so überprüfen, welche Kombinationen Ihnen am besten gefallen. Als Faustregel gilt: Die Intarsie soll insgesamt heller sein als der Teppich drumherum, und: Die Farbe des Hauptteppichs muß in der Intarsie wieder auftauchen. Schön sind Komplementärkontraste (Orange-Blau, Grün-Rot oder Gelb-Violett) in nicht zu grellen Nuancen, wobei beide entweder einen Blau- oder einen Gelbstich haben sollen, damit sie wirklich harmonieren. Auch schön: Beige-Braun, Schwarz-Weiß oder Dunkel-Hell-Kombinationen der gleichen Farbe.

4. Intarsienteile berechnen
Größe der Einzelteile auf Originalgröße hochrechnen (bei Maßstab 1:2 alles mit 5 multiplizieren), und nach Farben getrennt zusammenzählen. Dabei die Dreiecke einundderselben Farbe der Einfachheit halber zu Quadraten oder Rechtecken zusammenfassen, so daß die Fläche Seite mal Seite ausgerechnet werden kann. Wichtig: 20 Prozent Verschnitt zugeben. Und: Für Auslegeware und Intarsien dieselbe Qualität verwenden. Bei gerippter Oberfläche den Rippenverlauf beachten. Am effektvollsten ist es, wenn er sich von Einzelteil zu Einzelteil um 90 Grad dreht, die Rippen also mal längs und mal quer verlaufen.

5. Geometrische Intarsien schneiden
Die Einzelteile der Intarsie werden mit Schneidelineal und Teppichmesser geschnitten. Markieren Sie die Eckpunkte mit Nadeln, legen Sie das Lineal an, und schneiden Sie von oben. Wenn alle Intarsienteile fertig sind, prüfen Sie, ob sie zusammenpassen.

6. Teppich und geometrische Intarsien-Einlage kleben
Vor dem Zuschneiden alle Bahnen mindestens 24 Stunden ausgerollt bei 22 Grad (eventuell Heizung aufdrehen) akklimatisieren lassen. Den grob zugeschnittenen Belag auslegen, genau zuschneiden, liegen lassen. Intarsienfläche frei lassen. Jeweils die eine Hälfte einer Bahn umschlagen, mit Dispersionskleber und Zahnspachtel Untergrund einstreichen, Kleber nach Herstellerangaben ablüften lassen, die hochgeklappte Hälfte wieder zurückschlagen, reibend aufdrücken.
Andere Hälfte umklappen, dasselbe noch mal. Darauf achten, daß die ausgesparte Intarsienfläche genau im rechten Winkel und parallel zu den Wänden verläuft. Intarsien nach und nach aneinandersetzen, jede einzeln aufkleben. In einer Ecke beginnen, diagonal weiterkleben – so können bei den letzten Intarsien eventuelle Abweichungen mit neu zugeschnittenen Intarsienteilen kompensiert werden.

7. Kurvige Intarsien schneiden
Nichtgeometrische Intarsien eignen sich besonders gut zum Einlegen in bereits vorhandene Teppichböden (beispielsweise, um Akzente zu setzen, aber auch, um Flecken zu beseitigen). Legen Sie ein Stück Teppichboden auf die Stelle, in der das Muster in den bereits im Raum verlegten Teppich eingelassen werden soll. Zeichnen Sie den Kurvenverlauf mit Kreide auf. Fixieren Sie das Stück an den Rändern mit Nadeln. Schneiden Sie mit dem Cuttermesser beide Schichten auf einmal durch, möglichst ohne abzusetzen. Unteres Schnittstück ausheben, Ausschnitt am Boden mit Dispersionskleber einstreichen, Intarsie vorsichtig einlegen und reibend eindrücken.

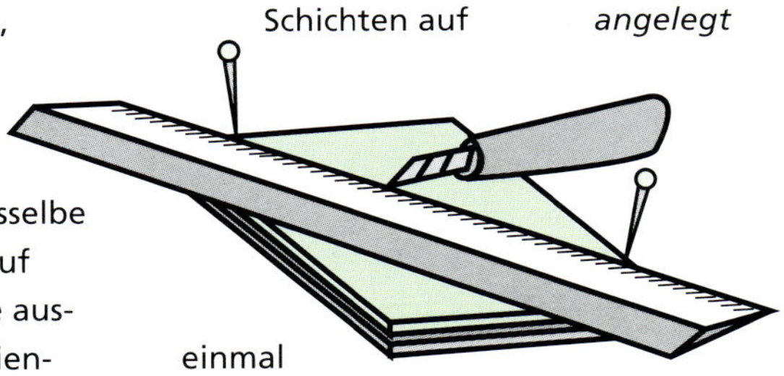

Für gerade Schnitte wird das Schneidelineal mit Deko-Nadeln als Anschlag an zwei Punkten angelegt

EXTRA-TIP

Dreiecke und Rechtecke können lose aneinandergelegt werden

Intarsien-Puzzle mit Teppichfliesen

Intarsien in geometrischen Formen lassen sich auch aus Teppichfliesen legen. Die Fliesen kann man im ganzen verwenden, diagonal oder quer halbieren oder zu Rechtecken teilen. (Achtung bei gerippten Ziegenhaar-Fliesen: Schneiden nur quer oder schräg, niemals längs der Rippe!) Man braucht sie dann nur aneinanderzulegen – fertig. Festkleben ist bei „selbstliegenden" Fliesen nicht nötig. Allerdings: Wenn die Intarsien ein kleineres Schenkelmaß als 25 cm haben, gerät das Puzzeln mit selbstliegenden Fliesen zum Wagnis: Staubsauger und tägliche Nutzung können die Kleinteile leicht aus ihrem Bett heben.
Deshalb: Mini-Puzzles wie auf Seite 44/45 nur vom Fachmann fest verkleben lassen. Er hat das passende Profi-Werkzeug und das nötige Know-how.

PUZZLE-TEPPICH

Ideen von Seite 46/47

Material: Velour-Auslegware oder ein alter Teppich als Grundlage, Velours-Teppichbodenreste, Nadelfilz (vom Polsterer), Bordürenband (3 cm breit), Teppichklebeband und -kleber
Werkzeug: weiße Kreide, Teppichmesser (mit Trapezklinge), evtl. Schneidelineal, Zahnspachtel (Typ 1)

1. Puzzle zusammensetzen
Eine maßstabsgerechte Zeichnung des geplanten Puzzles mit verschiedenen Formen, Mustern und Farben der Einzelteile anfertigen. Am schönsten ist es, wenn unifarbene Teile mit gemusterten, helle mit dunklen und blumige mit geometrischen Mustern kombiniert werden. *Wichtig:* Eine dominante Farbe der Einrichtung sollte im Puzzle an prominenter Stelle wieder auftauchen.

2. Puzzleteile zuschneiden
Den saubersten Schnitt, d.h. den perfekten Anschluß zweier Teile, ergibt ein schräg angesetzter Doppelschnitt: Also beide Puzzle-Teile gemeinsam von oben durchtrennen. (Das ergibt zwar relativ viel Verschnitt, denn vom untenliegenden Teppichstück wird exakt das überflüssig, was eingeklinkt wird. Da jedoch Teppichreste billig sind, schlägt der Verlust finanziell kaum zu Buche.) Die Puzzle-Stücke, die ineinanderpassen sollen, so übereinanderlegen, daß sie gemeinsam die später geplante Gesamtfläche bedecken (anhand der Zeichnung überprüfen). Zunächst nur die Innenränder in einem Zug durchschneiden. Die beiden Unterschnitte entfernen, Puzzle-Teile zusammenstecken, überprüfen, ob sie optimal passen, evtl. nachschneiden. Alle drei Teile umdrehen und von hinten mit Teppichklebeband verbinden.

3. Puzzle verkleben
Nadelfilz ausbreiten, mit Dispersionskleber und Zahnspachtel einstreichen, 10 bis 15 Minuten ablüften lassen, Velours-Puzzle behutsam daraufdrücken, glattstreichen von innen nach außen, trocknen lassen (siehe Abb. 2).

4. Teppich zuschneiden und kedern (einfassen)
Je nach Endformat (Rechteck oder Amöbe) frei Hand oder mit Schneidelineal Außenseiten begradigen. Mit umgeklapptem, doppelseitigem Klebeband fixieren (siehe Abb. 3) und vom Polsterer mit Bordürenband einfassen lassen.

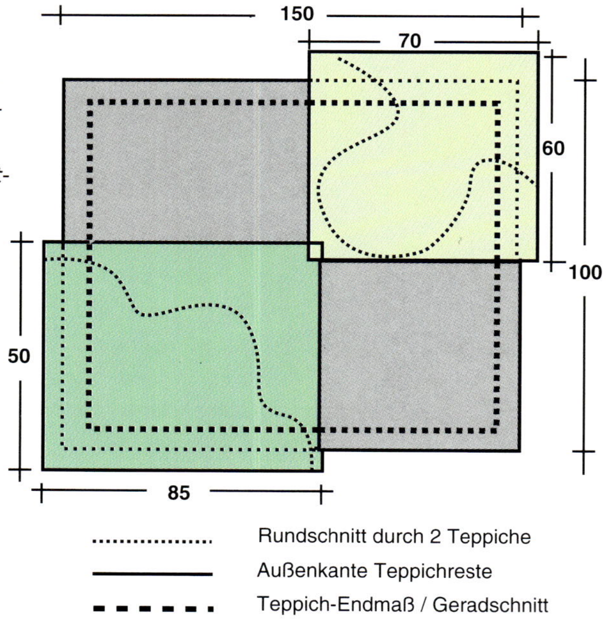

Puzzle-Teppiche entstehen, indem man in einen Grundteppich Puzzle-Teile einschneidet. Die Punktlinien zeigen Schnitte durch zwei Lagen

Für die Puzzle-Teppiche braucht man Velours-Reste aus dem Baumarkt oder dem Fachhandel, dünnen Nadelfilz, Doppeltape, Cutter, Dispersionskleber, Zahnspachtel, Bordürenband, Schere

Puzzle-Teile von unten mit Klebeband verbinden, das ganze Stück mit Dispersionskleber auf Nadelfilz kleben, andrücken

Nach dem Endbeschnitt Rand mit Bordürenband einfassen und vom Polsterer nähen lassen

MUSTER-MACHER

Ideen von Seite 48/49

Material: Laminat-Platten in zwei Farben (Format ca. 125 x 20 x 0,8 cm), Holzleim
Werkzeug: Stichsäge, Zieheisen, Hammer

1. Muster austüfteln

Einen maßstabsgerechten Grundriß zeichnen. Da keine Platte außer an den Längs- und Querenden angeschnitten werden darf, von vornherein festlegen, in welche Richtung der Bodenbelag laufen soll – längs des Raumes oder quer. Das konkrete Plattenmaß als Raster zeichnerisch entsprechend einer Längs- oder Querverlegung auf den Grundriß übertragen. In einer Ecke beginnen, Plattenformate möglichst halbe-halbe in der nächsten Reihe überlappen lassen.
Ob Zebrastreifen, Treppe oder versetzte Reihen – Sie erhalten immer ein klares, kraftvolles Muster in folkloristisch-einfacher Form. Die andersfarbigen Platten, die später das Muster bilden, einfach wie die anderen mitverlegen.

2. Platten verlegen

In der Ecke gegenüber der Tür beginnen. Bodenlänge messen. Platten mit der Feder längs an die Wand legen, die Längsnut nach vorn, Quernut nach rechts. Platten vermitteln, d.h. an der ersten Platte links soviel abschneiden, daß sie ungefähr so lang ist wie die letzte in dieser Reihe. Immer gilt: Den ersten Abschnitt einer Reihe als letztes Brett der nächsten verwenden, den letzten einer Reihe als ersten der übernächsten. So beträgt der Verschnitt nur maximal 5 Prozent. Die erste Reihe nur längs, die zweite längs und quer aneinandersetzen: Nur in die Nuten Leim träufeln (am besten aus einer Flasche), und erst längs, dann quer mit einem Schlagklotz aus Kunststoff einfügen. Die Platten schließen fugenlos miteinander ab. Zum Schluß liegt eine in sich verleimte, durchgehende Fußboden-Platte auf dem Boden. Das Paßstück rechts (die letzte abgelängte Platte einer Reihe) wird per Hand eingelegt und mit dem Zieheisen behutsam in die Quernut eingeschlagen. Am Ende muß mit der Stichsäge längs abgeschnitten werden.
Die letzte Plattenreihe mißt manchmal nur zwei Zentimeter Breite. Sie wird mit der Stichsäge abgeschnitten, per Hand eingesetzt und erst von oben eingeschlagen, dann mit dem Zieheisen in die letzte Nut eingefügt.

1. *Zuerst wird flächendeckend eine zugleich trittschalldämmende Gleitschicht auf dem Unterboden ausgelegt*

2. *Für den nötigen Abstand von den Wänden sorgen wie hier beim Anlegen der ersten Laminatbretter-Reihe Holzkeile als Abstandshalter*

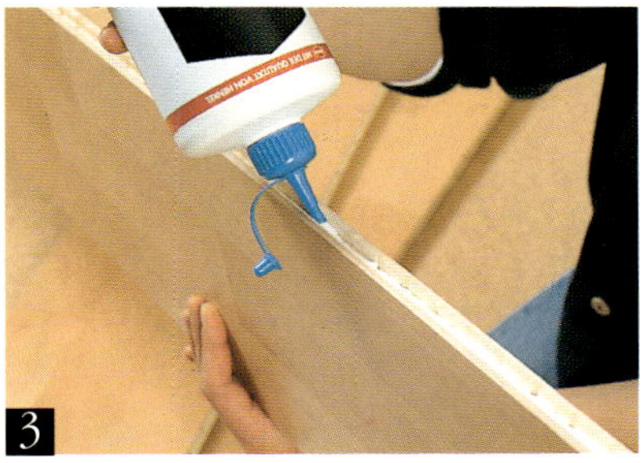

3. *Die einzelnen Bretter sind rundum mit Nut und Feder versehen und werden mit schnell trocknendem, wasserfestem Holzleim verklebt*

4. *Etwa austretender Parkettleim wird sofort mit einem feuchten Schwamm rückstandslos abgewischt, damit er keine bleibenden Spuren hinterläßt*

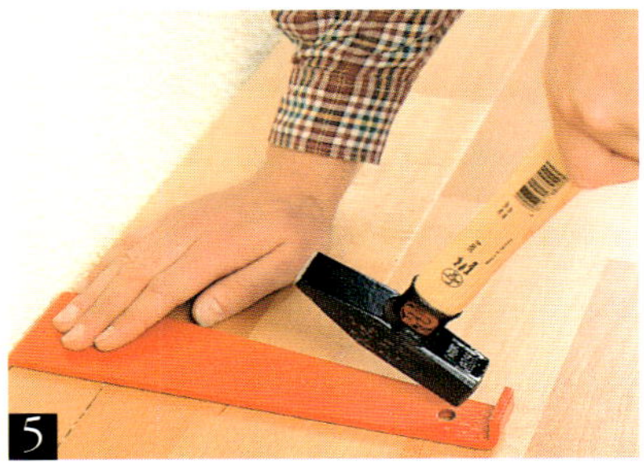

5. *Der fugendichte Anschluß der Wand-End-Bretter erfolgt mittels Hammer und Zugeisen*

AUF ROLLEN

BETT-MOBIL

Rollen statt Gestell machen ein Bett nicht nur mobil, es sieht auch sofort zierlicher aus. Die Matratze liegt auf einem Lattenrost, der in einen stabilen Schlitzrahmen eingebaut ist. Die Rollen dürfen nicht weniger als 10 cm Durchmesser haben, sonst wirken sie unproportioniert. Und sie brauchen Feststeller, damit sich das Bett nicht selbständig machen kann.

► *Anleitung auf Seite 58*

ODER HINTERM SCHLEIER

Romantische Schlafplätze

Wie man sich bettet, so schläft man: Schlaf-Forscher haben herausgefunden, daß nicht nur das Bett selbst, sondern auch die unmittelbare Umgebung beträchtlichen Einfluß auf die Qualität des Schlafes hat. Umgeben von warmen, weichen Farben und gemütlichen Accessoires schläft sich's tiefer und erholsamer

SCHLAF-ZELT

Gardinenstoff verwandelt dieses Bett in ein romantisches Schlafgemach. Drei mit weißem Schleifenband abgehängte Holzstangen tragen das Dach, an einer vierten hängt die Front. ► *Anleitung auf Seite 58*

BEHÜTET VON ZELT UND BALDACHIN

STERN-BALDACHIN

Zwei dunkelblaue, mit Sternen bemalte Stoffbahnen über dem Betthaupt stilisieren einen nächtlichen Himmel. Der Chintz oder der Futterstoff hängt an einer gebogenen Stange und Deko-Klipse. ► *Anleitung auf Seite 59*

STUCK-BALDACHIN

Statt eines Kopfteils krönt eine Stuckgirlande das Bett. Unter den blau-weißen Schals blitzt romantische Spitze hervor. ► *Anleitung auf Seite 59*

SCHLAF-ABTEIL

Das blau gestrichene Gestänge eines Partyzelts teilt für das Bett einen Raum im Raum ab. Eine meterlange Bahn transparenter Nessel verschleiert das kahle Gerüst und erlaubt immer neue Draperien – bis hin zur totalen Verhüllung, die das Bett zum Schlafzelt macht.

BETT-MOBIL

Idee von Seite 54

Material: Fichte-Rahmenhölzer (8 x 8 cm, 2 Stück 216 cm lang, zwei Stück 106 cm lang), 4 Eisenwinkel (Schenkellänge 5 cm, 8 cm breit), Lattenrost (200 x 90 cm), 4 Feststell-Rollen (Durchmesser 10 cm), Holzleim, Leinöl, 120er-Schleifpapier
Werkzeug: Feinsäge, Gummihammer, 4 Schraubzwingen, 2 cm breites Stecheisen, Schleifklotz

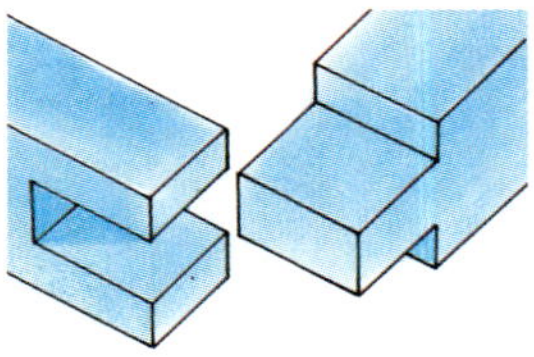

Schlitz- und Zapfenverbindungen an den Rahmenecken geben dem Bett eine handwerkliche Note. Man kann die Ecken aber auch auf Gehrung (d.h. unter 45° abgesägt) oder stumpf verdübeln

1. Rahmenhölzer schlitzen

Die gehobelten Rahmenhölzer vom Holzhändler auf 216 bzw. 106 cm ablängen lassen. Das Innenmaß soll später einem 200 x 90 cm großen Lattenrost Platz bieten. In die Längshölzer an jedem der 4 Enden einen 8 cm langen, 3 cm dicken Zapfen mit der Feinsäge einschneiden, so daß er genau in der Mitte sitzt. In die Querstücke ebenfalls an jedes der 4 Enden mittig einen 8 cm langen, 3 cm dicken Schlitz schneiden. Mit dem Stecheisen das eingesägte Holz abschlagen. Zapfen und Schlitze müssen so genau gearbeitet sein, daß sie sich nur unter Druck ineinanderfügen lassen.

2. Rahmenhölzer verleimen

Wenn Zapfen und Schlitze zusammenpassen, Rahmenhölzer flach auf die Erde legen, Schraubzwingen bereitlegen, mit einem Pinsel Leim in Schlitze und auf Zapfen geben, mit Gummihammer ineinanderschlagen. Schraubzwingen mit je zwei Druckhölzern leicht anziehen. Wenn die Innendistanzen zwischen den diagonal gegenüberliegenden Ecken genau gleich sind, ist der Rahmen im rechten Winkel und die Schraubzwingen können angezogen werden. Hervorquellenden Leim mit feuchtem Tuch abwischen, 2 Stunden trocknen lassen.

3. Lattenrost und Rollen montieren

Nach dem Trocknen Schraubzwingen entfernen, und die Ecken mit Schleifklotz und -papier glätten; alle Kanten leicht brechen, d.h. mit Schleifpapier leicht abrunden.
An den Längsseiten innen, je 15 cm vor den Ecken, die vier Eisenwinkel anbringen. Auf ihnen liegt der Lattenrost später lose auf.
Die Rollen von unten mit je vier Kreuzschlitzschrauben befestigen. Leinöl im Wasserbad erhitzen, Holz damit satt tränken.

SCHLAF-ZELT

Idee von Seite 54/55

Material: Rahmenhölzer (Länge wie Podest, 8 x 5 cm) und Rauhspund-Bretter aus Fichte (Länge wie Matratze, 10 x 2 cm), 4 Holzstangen (Länge wie Podest, 3 cm dick), transparenter Gardinenstoff, weiße Schleifenbänder, weißer Acryllack, 5er-Dübel, Schraubhaken
Werkzeug: Stichsäge, Bohrmaschine, Nähmaschine, Nägel, Hammer, Senkstift, Flachpinsel

1. Unterlage bauen

Das Holzpodest liegt einfach auf dem Boden. Es ist so groß, daß seitlich der Matratze Ablagen entstehen. Vier quer verlaufende Rahmenhölzer tragen massive Nut- und Federbretter, die nach dem Annageln weiß gestrichen werden. Rahmenhölzer in drei gleichen Abständen hinlegen (Podestbreite = Länge der Matratze), das erste Brett rechtwinklig daraufnageln, wobei die Nut nach innen zeigt. Das zweite Brett mit der Feder in die Nut des ersten stecken (keinen Leim auftragen!), und nur in der Nut unsichtbar auf die Rahmenhölzer nageln. Dafür den Senkstift verwenden. Wenn das Podest komplett verbrettert ist, vom letzten Brett mit der Stichsäge die Nut längs abschneiden und die vordere Podestecke kurvig abrunden.
Das ganze Podest mit Acryllack zweimal streichen.

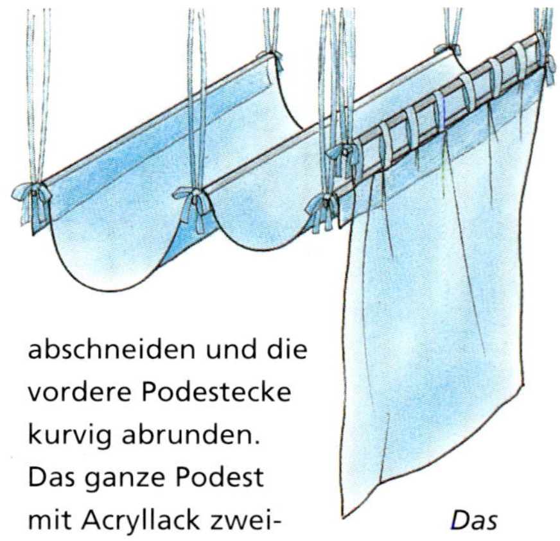

Das Schlafzelt besteht aus zwei Teilen: Baldachin und Front. Die zwei Gardinenbahnen hängen an vier Rundstangen

2. Betthimmel aufhängen

Das Gardinenzelt besteht aus zwei Teilen: Dach und Front. Das Dach fließt, in Wellen drapiert, in zwei Bögen über drei waagerecht abgehängte Holz-

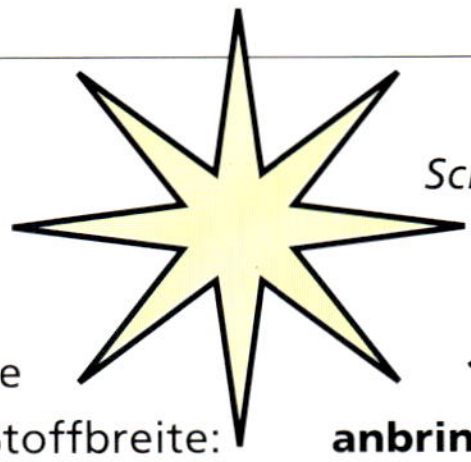

Schablone: Vorlage um 30 Prozent vergrößern, auf Pappe übertragen

stangen (siehe Zeichnung). Stoffbreite: 1,3fache Podestlänge, Länge: 2fache Podestbreite. Die Holzstangen hängen an drei Schleifenbändern, die in die Decke gedübelt werden. Die Front hängt an einer extra Stange, die ungefähr mit dem vorderen Podestende abschließt. Sie ist etwas höher angebracht als die vordere Dachstange. Der Stoff hat dieselbe Breite wie der Stoff des Daches und fließt unten 50 cm auf den Boden. Die Stange ist durch Schlaufenträger gesteckt.

STERN-BALDACHIN

Idee von Seite 56

Material: halbrunde Eisenstange mit Wandbefestigung (60 cm breit), 80 cm breiter dunkelblauer Baumwollchintz oder Futtertaft, 140 cm breit (die Länge errechnet sich aus der doppelten Baldachinhöhe plus 60 cm), 14 Deko-Klipse für Vorhangstangen mit Sonnen- oder Sternmotiv, 1 mm dicker Karton, Stoffmalfarbe Gold, Pinsel, Blaupapier, Leinöl, Schlüsselringe, Plastikfolie
Werkzeug: Bohrmaschine, Nähmaschine, Cutter, 5er-Dübel, Schraubenzieher

1. Stange anbringen
Die halbrund gebogene Stange bekommt man entweder im Deko-Bedarf oder man läßt sie sich vom Schlosser biegen und mit Endstücken zum Anschrauben versehen. Sie wird 1,20 Meter über dem Kopfende mitten über das Bett in die Wand gedübelt.

2. Sternschablone schneiden
Die abgebildete Umrißzeichnung auf dem Kopierer um 30 Prozent vergrößern, und mit Blaupapier auf Karton übertragen. Mit Lineal und Cutter ausschneiden, Karton mit Leinöl tränken, damit die Schablone leicht zu reinigen ist.

3. Stoff bemalen
Stoff bügeln, auf einer Plastikfolie glatt ausbreiten. Schablone auflegen, andrücken, mit Goldfarbe ausmalen, Schablone vorsichtig abheben. Farbe trocknen lassen, Stoff eventuell von hinten bügeln. (Endbehandlung wie auf der Farbpackung angegeben.)

4. Stoff nähen und aufhängen
Den Stoff in zwei gleichlange Hälften teilen, die Stoffbreite bei sehr festen Stoffen ca. 40 cm verschmälern. Generell gilt, je mehr Stoffbreite, um so üppiger und schöner der Vorhang. Die Stoffbahnen rundum zweimal je 1 cm auf die linke Seite umschlagen und bügeln, Saum schmalkantig absteppen. Die beiden Vorhänge mit Deko-Klipse an der Eisenstange aufhängen.

STUCK-BALDACHIN

Idee von Seite 57

Material: Stuck- oder Terrakotta-Girlande (mindestens 100 cm lang), 1,5 x 1 cm dicke Holzleiste (Länge: Girlande minus 4 cm), 5er-Dübel, 3,5 cm lange Schrauben, kleine Nägel, Spitzentüll, gestreifter Baumwollstoff (je doppelte Breite wie Girlande, Länge: Betthöhe plus 1,20 m minus 15 cm), Kräuselband
Werkzeug: Bohrmaschine, Nähmaschine, Schraubenzieher, kleiner Hammer

1. Stoff aufhängen
Ein Flügel besteht aus zwei gleich großen übereinanderhängenden Stoffbahnen: unten Spitzentüll und oben gestreifte Baumwolle. Jede Stoffbahn ist so breit wie die Girlande. Beide werden mit einem Kräuselband oben zusammengenäht, auf die Hälfte gerafft und mit Stiften auf die angedübelten Holzleisten genagelt (siehe Zeichnung). Die Leisten hängen ca. 1,20 m über dem Kopfende, genau über der Bettmitte. Wenn die Girlande geschwungen ist, beschreibt auch die Leiste deren Kurvenverlauf. Dazu wird sie zersägt und entsprechend versetzt auf die Wand gedübelt. Später verdeckt die Girlande Leiste und Stoffbefestigung.

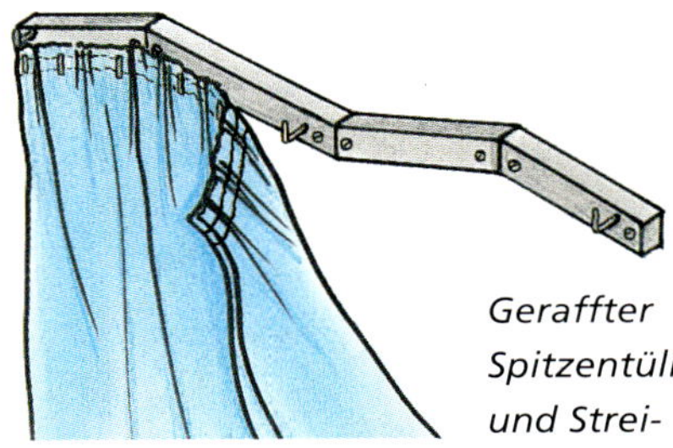

Geraffter Spitzentüll und Streifenstoff werden mit Stiften auf Leisten angenagelt. Später verdeckt die Stuck- oder Terrakotta-Girlande die Befestigung

2. Girlande aufhängen
Das ca. 1 m lange Zierprofil wird an drei Schraubhaken seitlich und in der Mitte aufgehängt. Hat die Terrakotta- oder Gips-Girlande keine entsprechenden Löcher in der Rückseite, drei Hakenösen für Bilderrahmen mit Zwei-Komponenten-Kleber befestigen.

RAHMEN-PROGRAMM

Palme, Kaktus und Ananas aus Plastik machen diesen Flurspiegel zum Hingucker, eine locker drapierte Lichterkette veredelt ihn zum Leuchtobjekt. Spiegel wie ein Bild rahmen (flaches, 6 cm breites Profil), rot lackieren.

FLUR-BIBLIOTHEK

Alle Bücherregale voll? Da hilft nur Aussortieren. Oder in den Flur expandieren, und eine Zimmertüre mit Regalen umrahmen. Oder, wenn der Flur lang und breit genug ist, einen Durchgang aus Regalen bauen, die man von beiden Seiten vollstellen kann. ► *Anleitung auf Seite 66*

PRAKTISCH ODER EINFACH SCHÖN

Mehr Flair im Flur

Viele Türen, wenig Stellfläche, selten Fenster – der Flur als Drehscheibe und Visitenkarte der Wohnung macht beim Einrichten die meisten Probleme. Da hilft nur eins: Show-Effekte einbauen. Mit Spiegeln und Licht die Enge austricksen, mit Stoffen Höhe und Weite suggerieren, mit Farben Sachzwänge überspielen und mit liebevollen Details den schnöden Zweckraum zum originellen Entrée der Wohnung ausbauen

FLUR-GALERIE

Lieblingsbilder werden mit Posterstrips dekorativ an die Wand geklebt. Die darübergeschraubte Acrylglasplatte sieht nicht nur dekorativ aus, sie schützt die Bilder auch vor Beschädigung.

► *Anleitung auf Seite 66*

TELEFON-ECKE

Ein übereck montiertes Brett – nicht üppig, aber ausreichend für alles, was man zum Telefonieren braucht: Apparat, Adreßbuch, Notizblock und Schreibzeug. Praktisch, wenn daneben Platz für ein Regal bleibt, das Ordner, Faxgerät und Telefonbücher aufnehmen kann. ► *Anleitung auf Seite 68*

Zaubert Urlaubsstimmung in den Flur: ein weißes Brett auf Konsolträgern vor blau-weißen Blockstreifen. Darüber und darunter ist Platz für Souvenirs aus der Sommerfrische in Blau und Weiß. ► *Anleitung auf Seite 68*

STIMMUNGS-MACHER

DEN FLUR WOHNLICH MACHEN

SPIEGEL-WAND

Die Wandverkleidung aus glänzendem Alu-Blech hat gleich mehrere Vorteile: Sie hält Magneten mit Memo-Zetteln, läßt den Flur größer wirken und dient als Spiegel für den Outfit-Check beim Weggehen. ► *Anleitung auf Seite 68*

KINDER-GARDEROBE

Der Bär ist selbst ausgesägt und bemalt. Er hält eine Stange für Kleider, auf dem Schirm seiner Mütze steht das Kindertelefon. Im fertig gekauften Unterbau gibt's Platz für Schuhe, Socken und Spielzeug.
► *Anleitung auf Seite 67*

STOFFHIMMEL UNTER DER DECKE

STOFF-WELLEN

Niedrige fensterlose Flure wirken optisch heller und höher, wenn man eine Stoffbahn längs in Wellen unter die gesamte Decke hängt. Hintereinandergesetzte Warmton-Leuchtstoffröhren spenden schattenfreies Licht. Der mit Tunnelnähten gleichmäßig unterteilte Stoffhimmel hängt an drei Drahtseilen. ► *Anleitung auf Seite 69*

STOFF-FAHNEN

Flure kann man optisch weiten, wenn man Stoff-Fahnen unter die Decke hängt – das betont die Breite und suggeriert mehr Höhe, weil die eigentliche Decke von den Fahnen kaschiert wird. Die Stofflappen hängen alle 20 bis 30 cm bis auf 210 cm herab, werden mit je drei Schraubhaken befestigt. ► *Anleitung auf Seite 69*

FLUR-BIBLIOTHEK

Idee von Seite 60

Material: 21 mm dicke MDF-Platten, 40 cm breit, die Länge durch eine maßstabsgerechte Grundrißzeichnung des Flurs errechnen, Profilrahmenleisten, ca. 4 cm breit, Winkeleisen, 8er-Dübel und -Schrauben, Holzschrauben, Regalbodenträger, kleine Nägel, Schleifpapier, schwarzen und roten Acryllack

Werkzeug: Bohrmaschine, Akkuschrauber, Pinsel, Hammer, Gehrungslade, Lineal, Maßstab

Ein Einbau nach Maß, der sich mit Winkeleisen und Schrauben in fast jedem Flur verwirklichen läßt

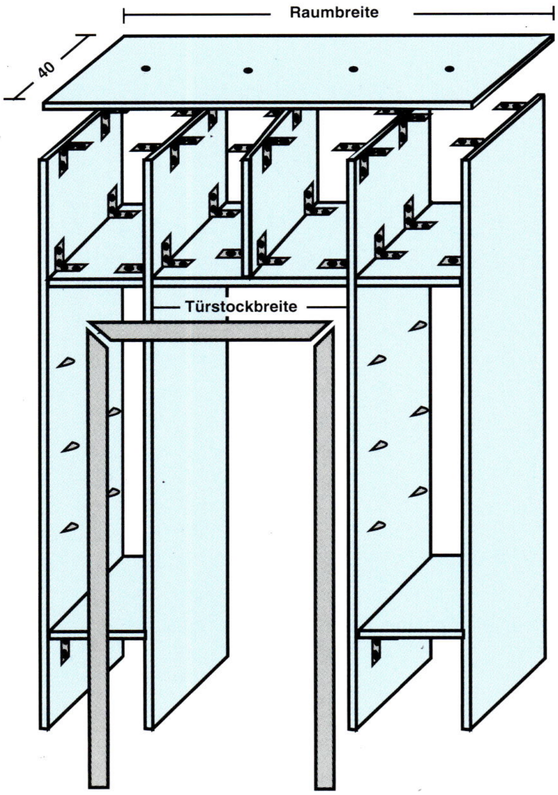

1. Platten vorbereiten

Die Maße anhand des Grundrisses ermitteln. Platten im Baumarkt zusägen lassen. An den Kanten mit Schleifpapier entgraten (den Grat entfernen). Die senkrechten Platten, die an den Wänden stehen, und die oberste Abdeckplatte zweimal schwarz lackieren. An den oberen Enden der senkrechten Platten Löcher für Winkeleisen so vorbohren, daß die Eisen oben bündig abschließen. Löcher durch die Platten und in die Wand bohren. Dübel setzen, gleichzeitig die Winkeleisen und Platte mit Schrauben befestigen. An der Abdeckplatte die Winkeleisen für die senkrechten Platten anschrauben. Abdeckplatte auf die senkrechten Platten schieben und an den seitlichen Winkeln befestigen. Die Abdeckplatte mit Dübeln in der Decke fixieren. An den oberen Enden der beiden übrigen senkrechten Platten bündig Eisenwinkel beidseitig festschrauben, außerdem Winkel in Höhe der untersten und obersten Einlegeplatten (über Türrahmen) anschrauben. Die senkrechten Platten in Türstockbreite unter die Abdeckplatte schieben und anschrauben. Die oberen Einlegeplatten unter den Winkeln festschrauben,die unteren Einlegeplatten auf den Winkeln befestigen. Löcher für die Regalbodenhalter bohren. An den Enden der Platten über dem Türstock beidseitig Winkel festschrauben. Platten auf dem Brett über dem Türstock und an der Abdeckplatte anschrauben.

3. Bretter lackieren

Die Bretter und Einlegeböden wie auf dem Foto in Schwarz bzw. Rot zweimal lackieren. Die Rahmenleisten beidseitig um den Durchgang herum auf Gehrung (45°) zusägen. Leisten mit Nägeln befestigen, zweimal rot lackieren.

FLUR-GALERIE

Idee von Seite 61

Material: farbloses Acrylglas, 5 mm dick, Abmessungen der Wandgröße entsprechend, 5er-Dübel und -Schrauben, Posterstrip, Bilderleuchten

Werkzeug: Bohrmaschine, Akkuschrauber

1. Plattengröße ausmessen

Die Fußleisten abschrauben. Für die Platten unterhalb des Lichtschalters den Abstand vom Boden bis Lichtschalterkante und den Abstand von Türrahmen zu Türrahmen messen. Die Maße maßstabsgerecht aufzeichnen. Bohrlöcher mit 3 cm Abstand zu den senkrechen und der oberen Kante und 8 cm Abstand zur unteren Kante einzeichnen. Für die Platte in Lichtschalterhöhe den Abstand von der Unterkante zur Oberkante Lichtschalter messen, die Breite wird von der senkrechten Lichtschalterkante zum Türrahmen plus 3 cm gemessen. Maße aufzeichnen, Bohrlöcher mit 3 cm Abstand zu den senkrechen Kanten mittig auf dem Streifen aufzeichnen. Die darüberliegende Platte genauso ausmessen, sie endet 15 cm unterhalb des Türstocks. Alle Platten ausmessen und aufzeichnen, die Lage der einzelnen Platten notieren.

2. Platten montieren
Die Acrylglasplatten zusägen lassen, evtl. auch gleich die Bohrungen ausführen lassen (Branchenbuch: Acrylglas). Bilder mit Posterstrips an den Wänden befestigen. Die Unterkante des Lichtschalters mit Bleistift an der Wand markieren. Schalterblende abnehmen. Vom darunterliegenden Acrylglas die Schutzfolie auf der Rückseite abziehen. Die Oberkante der Platte mit der Wasserwaage ausrichten. Die Bohrlöcher der Acrylglasplatte mit Bleistift an der Wand markieren, Löcher bohren und mit Dübeln festschrauben. Die vordere Schutzfolie ebenfalls abziehen. Den Streifen in Höhe des Lichtschalters mit Dübeln festschrauben, die Blende aufstecken. Alle Platten befestigen. Über den Platten die Bilderleuchten anbringen. Löcher der Fußleisten auf die Platten übertragen, durchbohren. Fußleisten aufschrauben.

KINDER-GARDEROBE

Idee von Seite 63

Material: 18 mm dicke Tischlerplatte (90 x 60 cm), Rest Sperrholz, 10 mm dick, 0,6 m Rundholz, 30 mm Durchmesser, Holzkugeln mit Loch,5 Stück mit 40 mm und 2 Stück mit 50 mm Durchmesser, Holzdübel (entsprechend der Lochdurchmesser der Kugeln), 2 Schubladenschränkchen, 28 x 20 x 28 cm (Baumarkt), Acrylmattlack, 4 Möbelrollen, 2 Flacheisen, Holzschrauben,Holzleim, je 7 Holzschrauben mit 30 mm und je 3 mit 40 mm Länge, Transparent- und Kohlepapier, Schleifpapier, Zeichenpapier, ca. 70 x 120 cm groß
Werzeug: Stichsäge, Bohrmaschine, Hammer, Lineal, Bleistift, Pinsel

1. Vorlage vergrößern
Auf Zeichenpapier das Quadratraster mit 9 cm Kantenlänge entsprechend der Vorlage aufzeichnen. Umrisse und Innenkonturen des Bären, der Grundplatten,der Hände, der Fliege und des Mützenschilds in das Raster einzeichnen. Alle Teile ausschneiden. Fliege und Schild auf Sperrholz zeichnen, die Konturen der anderen Teile auf die Tischlerplatte übertragen. Innenkonturen mit Kohlepapier durchzeichnen.

2. Teile aussägen und zusammensetzen
Teile aussägen, die Kanten abschleifen. Die Fliege aufleimen. In die Enden des Rundholzes ein Loch für die großen Kugeln bohren, auf die Schuhspitzen, in die Fliegenmitte und die Hosenträger je eins für die kleinen. Dübel mit Holzleim in den Löchern befestigen. In die Hände Löcher für das Rundholz bohren. Hände und Mützenschild aufleimen, die Grundplatten unter die Schuhe kleben, alles von der Rückseite her mit Holzschrauben fixieren. Rundholz

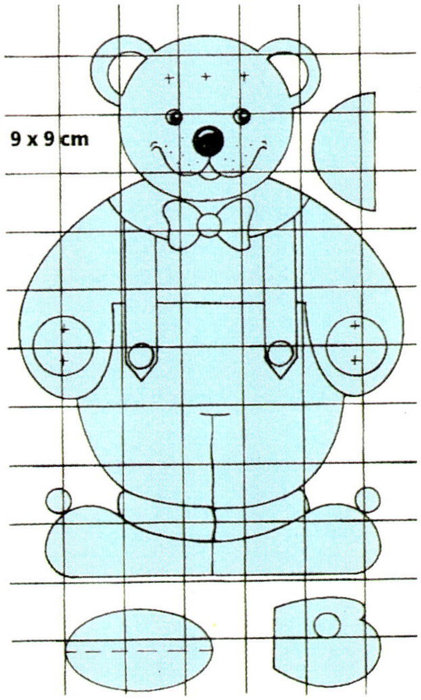

Mit Stichsäge und Bohrer läßt sich dieser lustige Bär auch von einem Anfänger leicht nachbauen

durch die Hände stecken.

3. Schrank bauen
Die Schubladen herausnehmen. Schränke an den Seitenflächen aneinanderkleben. Auf der Unterseite zwei Flacheisen über den Stoßkanten aufschrauben. Möbelrollen anschrauben.

4. Teile bemalen
Bär, Kugeln, Schränkchen und Schubladen in den entsprechenden Farben (siehe Foto) mit Acryllack zweimal streichen. Die Innenzeichnungen von Gesicht und Hose mit Kohlepapier übertragen und nachmalen. Kugeln mit Holzleim

auf die Dübel kleben. Bär auf dem Unterschrank durch die hinteren Hälften der Fußplatten festschrauben.

SPIEGEL-WAND

Idee von Seite 63

Material: poliertes Alublech in Nischenbreite, Höhe nach Belieben, 9 mm dicke Spanplatte (Größe wie Alublech), 21 mm dicke MDF-Platte, 1 Brett in Nischenbreite x Tiefe des Regals, 1 Brett in Nischentiefe x Abstand von der Seitenwand zum Regal, Bilderleuchten, 5er-Dübel, -Schrauben, Arylmattlack in Rot und Hellblau, Winkeleisen, Spiegel-Klebeband, Kreppklebeband, Schleifpapier

Die Aluplatte wird mit Spiegel-Klebeband auf der Spanplatte befestigt

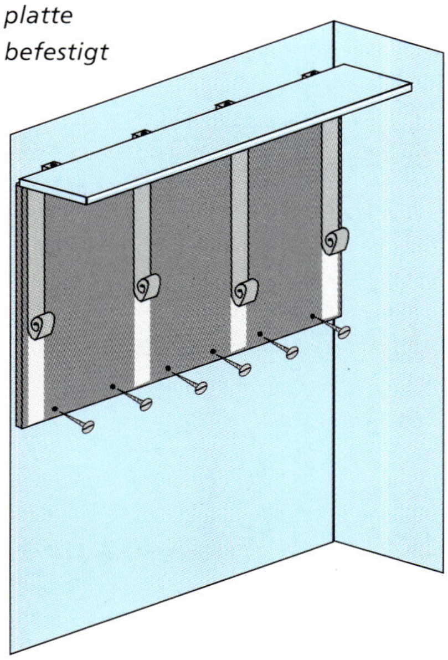

Werkzeug: Bohrmaschine, Akkuschrauber

1. Bretter lackieren
Die Größe der Arbeitsplatte ausmessen, auf die MDF-Platte übertragen und aussägen. Die Kanten und das Ablagebrett zweimal im Farbton der Wand lackieren. Nach dem Trocknen die Kante der Arbeitsplatte abkleben, die Oberseite zweimal rot lackieren.

2. Ablage montieren
Die Höhe des Ablagebretts auf der Wand anzeichnen. Winkeleisen im Abstand von 70 cm direkt unterhalb dieser Markierung andübeln. Auf der Unterseite des Bretts die Bilderleuchten festschrauben. Das Brett auf die Winkel legen und festschrauben.

3. Alublech kleben
Die Spanplatte unterhalb des Ablagebretts andübeln. Im Abstand von 40 cm senkrecht Spiegel-Klebeband auf die Spanplatte kleben. Alublech auf der Spanplatte fest andrücken.

4. Arbeitsplatte befestigen
Die Arbeitsplatte unterhalb des Alublechs waagerecht an die Wand halten, die Unterkante mit Bleistift auf der Wand markieren. 2 Winkeleisen in Höhe der Markierung an die Rück- und die Seitenwand der Nische dübeln. Arbeitsplatte von unten festschrauben. Schutzfolie vom Alublech abziehen, und das Regal in die Nische schieben.

STIMMUNGS-MACHER

Idee von Seite 62

Material: 22 mm dicke Fichtenleimholz-Bretter, 28 cm breit, Länge entsprechend der Flurwand, pro Konsolträger 30 x 25 cm Fichtenleimholz, 22 mm dick, Rundholz mit 2 cm Durchmesser, Holzschrauben, Winkeleisen (pro Konsolabstand 2 Stück), 6er-Dübel und -Schrauben, Schleifpapier, Acryllack in Weiß und Hellblau, dünnen Karton, Holzleim
Werkzeug: Bohrmaschine, Stichsäge, Lineal, Bleistift

1. Konsolen sägen
Die Konsolträger (siehe Anleitung „Wellen-Bad" ab S. 76) auf den Karton aufzeichnen und ausschneiden. Auf die Bretter übertragen (Anzahl richtet sich nach der Wandbreite, Abstand der Konsolen ca. 80 – 100 cm). Konsolen aussägen, und das Loch für das Rundholz bohren. Kanten schleifen.

2. Brett aufschrauben
Das Brett auf die Arbeitsfläche legen, und die Konsolen im gleichmäßigen Abstand aufkleben. Nach dem Trocknen jede Konsole von der Brettoberseite her mit je 2 Holzschrauben fixieren, dabei die Schrauben versenken. Schraublöcher mit Holzspachtel auffüllen, nach dem Trocknen schleifen. Das Brett in Weiß und die Konsolen in Hellblau zweimal lackieren.

3. Konsolregal befestigen
Winkeleisen in der gewünschten Wandhöhe andübeln. Die Abstände der Winkel an den Konsolabständen ausrichten. Regal auf die Winkel legen, mit Holzschrauben befestigen.

TELEFON-ECKE

Idee von Seite 62

Material: 28 mm dicke Sperrholzplatte (Maße entsprechend der Raumecke), Hochglanz-Acryllack in der Farbe des Regals,

3 Stuhlwinkel, 6er-Dübel und -Schrauben, Holzschrauben, Schleifpapier, schmales Regal
Werkzeug: Stichsäge, Bohrmaschine, Schraubenzieher

1. Platte messen und aussägen
Die Raumecke zwischen Regal und Wand ausmessen. Maße laut Schemazeichnung auf die Schichtholzplatte übertragen und aussägen, dabei das Loch für Stromkabel und Telefon ebenfalls aussägen.

2. Platte streichen
Die Oberfläche der Holzplatte glattschleifen und zweimal mit Acryllack streichen. Die Winkel an der Wand- und der Regalseite in 72 cm Höhe andübeln bzw. schrauben. Platte auflegen und festschrauben.

Eisenwinkel tragen die Arbeitsplatte zwischen der Wandecke und dem Regal

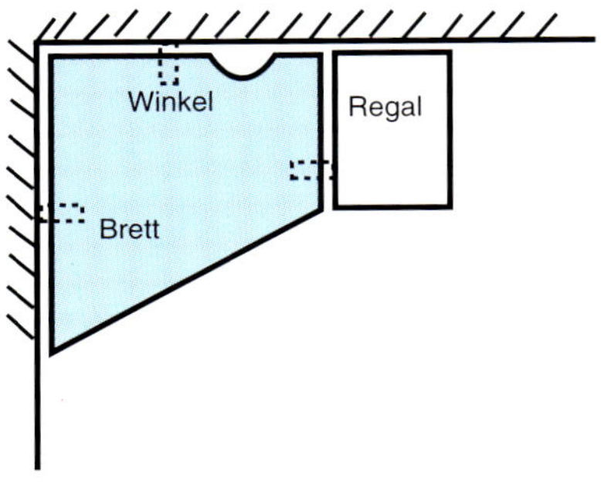

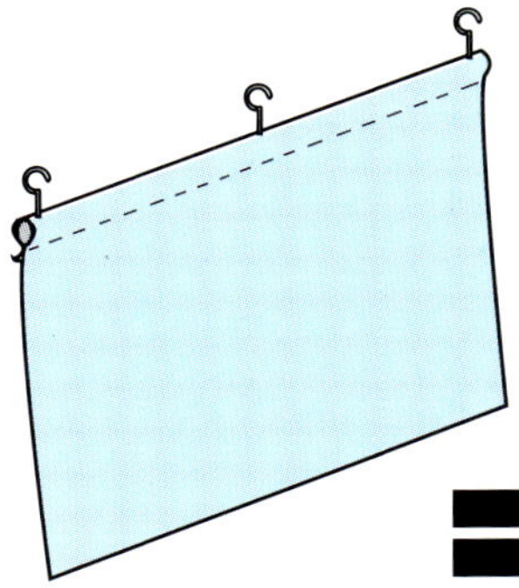

An je drei Schraubhaken hängen die Fahnen im Abstand von ca. 30 cm von der Flurdecke herab

STOFF-FAHNEN

Idee von Seite 64

Material: farbige Baumwollstoffe (Breite: 10 cm kürzer als Flurbreite, Länge: Flurhöhe minus 210 cm), 1 cm dicke Rundhölzer (Länge wie Stoffbreite), Rundhaken (3 pro Fahne), Schraubhaken (drei pro Fahne), 5er-Dübel (drei pro Fahne)
Werkzeug: Bohrmaschine, Nähmaschine, Feinsäge

1. Fahnenmaß und -aufteilung ermitteln
Die Fahnen hängen 30 cm auseinander, die Länge beträgt Flurhöhe minus 210 cm.

2. Fahnen nähen und aufhängen
Die zugeschnittenen Fahnen rundum 1 cm breit säumen. Oben eine Tunnelnaht nähen (Breite = Rundholzumfang). Je 3 Rundhaken von oben durch den Stoff eindrehen – mittig und ca. 5 cm vor beiden Enden. Die Lage der Rundhaken auf die Decke übertragen, je Haken einen Schraubhaken andübeln. Fahnen daran aufhängen.

STOFF-WELLEN

Idee von Seite 65

Material: 1,5 mm dickes Drahtseil, pro Seil je einen Seilspanner, je zwei Seilklemmen und Schraubhaken, 6er-Dübel, weißer Baumwollstoff (Breite: Flurbreite minus 16 cm plus 4 cm Saumzugabe, Länge: Flurlänge plus 30 Prozent plus 4 cm Saumzugabe), 1 cm dicke Rundhölzer, pro Rundholz je 3 Rundhaken und Schlüsselringe mit 3 cm Durchmesser
Werkzeug: Bohrmaschine, Nähmaschine, Feinsäge, Kombizange (um Seile zu kürzen und Seilklemmen zu quetschen)

1. Drahtseile messen und anbringen
Am Grundriß die Länge der Drahtseile abmessen. Ab 100 cm breitem Stoff drei Seile einplanen. Die Edelstahl-Drahtseile beim Boots- oder Segelbedarf (Branchentelefonbuch) zuschneiden und an einem Ende gleich mit Schlaufen versehen lassen. Seile in ca. 240 cm Höhe in die Wand dübeln, an ein Ende jeweils einen Seilspanner setzen. Die Dübel müssen tief und fest sitzen, sonst zieht sie der Seilspanner später aus der Wand!

2. Stoff nähen und aufhängen
Die Stoffbreite längs des Flurs laufen lassen, links und rechts bleiben ca. 8 cm Luft zur Wand. Bahn rundum 1 cm breit säumen, in der Länge ca. alle 45 bis 50 cm eine Tunnelnaht nähen (Breite = Umfang Rundholz). Rundhölzer 1 cm kürzer als die Tunnellänge absägen, in die Tunnelnähte schieben. Von oben Rundhaken durch den Stoff in die Rundhölzer drehen (für jedes Seil einen, Abstand = Seilabstand). Je einen Schlüsselring anbringen, und nach und nach die Stoffbahn von unten an den Seilen aufhängen.

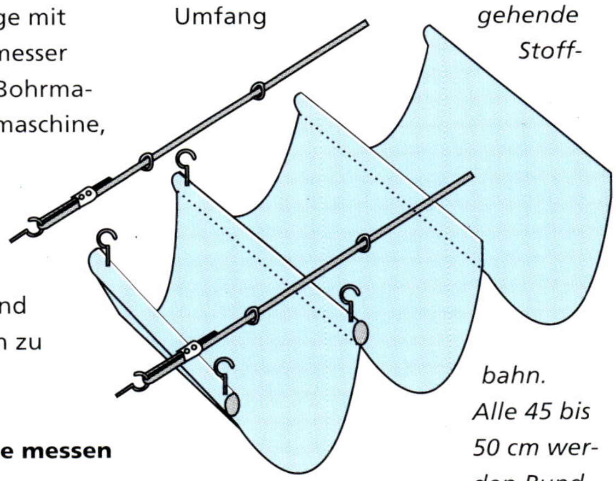

An zwei Drahtseilen, die den gesamten Flur überspannen, hängt eine durchgehende Stoffbahn. Alle 45 bis 50 cm werden Rundstäbe in Tunnelnähte geschoben und an Haken aufgehängt

GEMÄLDE

Klassische Beauties wie Botticellis Venus erfüllen ein kahles Bad mit Leben. Wer sich solche Wandmalerei zutraut, projeziert ein Dia an die Wand, zeichnet die Konturen mit Bleistift nach und malt sie mit Ölfarben aus.

WELLEN-BAD

Die blaue Welle ist aus einer MDF-Platte geschnitten. Wer sich weniger Arbeit machen will, überstreicht alte Kacheln *(► Seite 79 „Make-up für häßliche Fliesen“)* und malt sie einfach auf. Praktischer Nebeneffekt, wenn die Welle aus Holz ist: Man kann auch Regale daran aufhängen. ► *Anleitung auf Seite 76*

EIN HAUCH VON WOHNLICHKEIT

Ideen fürs Bad

Kein Raum der Wohnung läßt gestalterisch weniger Freiheit als Bad und WC. Fliesen, Armaturen und Sanitärteile haben andere ausgesucht, mit Platz wurde gegeizt, Fenster sind selten. Doch Not macht erfinderisch: Farben und Stoffe und originelle Accessoires verwandeln die kärgsten Naßzellen in kleine Schmuckstücke

BAMBUS-LEITER

Originelle Alternative zur gewöhnlichen Handtuchstange: eine Bambusleiter, die leger an der Wand lehnt. Die Sprossen werden mit Kerben und Bastfäden an den Holmen befestigt. Das Holz bleibt unbehandelt – hohe Luftfeuchtigkeit ist Bambus gewohnt. ► *Anleitung auf Seite 77*

MIT FARBEN TRICKSEN

50 Zentimeter unter der Fensterbrüstung gedeihen Efeu und Zimmerfarn – direkt vorm Badfenster. Sie stehen auf einem passend zugeschnittenen Stück Industrieverglasung, das man im Baustoffhandel bekommt und einfach auf Regalträger legt. Darunter eine Teleskopstange aus dem Baumarkt verspannen, und farbigen, transparenten Gardinenstoff so darüberwerfen, daß er auf dem Boden 15 Zentimeter aufstößt.

FENSTER-SCHLEIER

BAD-MAKE-UP

Das kleinste und langweiligste Bad wird zum Unikat, wenn man die Wände farbig streicht. Zusätzlicher Kontrast: eine Zackenlinie über dem Fenster, an der zwei Farben – hier Flieder und Azur – effektvoll aufeinandertreffen. Originelle Zusatzbeleuchtung: eine Lichterkette mit Kühen.

WC-THEATER

Kühne Deko-Idee für ein enges, hohes Altbau-WC: Die Fenster von der Decke bis zum Boden mit großzügig bemessenen Vorhängen in dicken Blockstreifen verhängen, und die beiden Schals tagsüber mit troddelbestückten Kordeln zur Seite raffen. Passend dazu den Boden im Schachbrettmuster kacheln. Die Wände in der Farbe der dunklen Streifen streichen und über und über mit Bildern behängen.

de vie

Waschmaschine und Trockner sind nicht gerade dekorative Highlights im Bad. Verbirgt man sie hinter einer Jalousie, kommt erst gar kein Hauswirtschafts-Look auf.

TIP: *Am kleinsten wirkt der Schrank, wenn er in einer Ecke steht und bis zur Decke reicht. So entsteht auch noch Stauraum.*

► *Anleitung auf Seite 78*

WASCHMASCHINEN-SCHRANK

ANGLER-LOOK

Mit neuen oder alten Fischereiutensilien kann man einem türkis oder grün gefliesten Fünfziger-Jahre-Bad museales Flair verleihen. Ausgemusterte Rettungsringe, Netze, Reusen und Käscher bekommt man am ehesten in kleinen Werften oder von Trödlern in Hafenorten. **TIP:** *Neu gibt's die Sachen im Jagd- und Fischereibedarf (Branchentelefonbuch).*

VERSTECKEN ODER DEKORIEREN

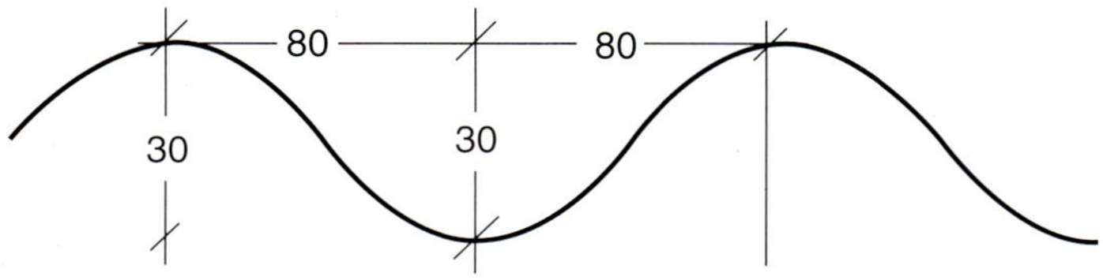

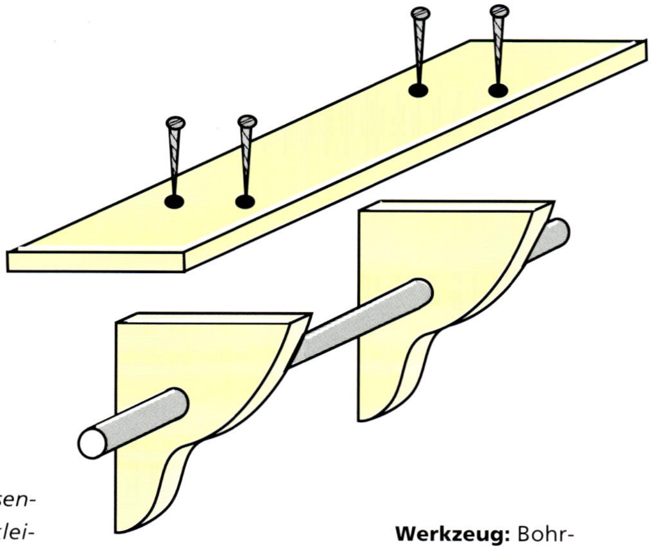

Fliesenverkleidung und Wandbord werden aus MDF-Platten zugeschnitten. Die homogenen Platten brauchen keinen Kantenumleimer, können direkt lackiert werden

WELLEN-BAD

Idee von Seite 70

Material: Fliesenverkleidung: 19-mm-MDF-Platte (Länge und Breite je nach Raumgröße), Regal: 25 cm breite, 19 mm dicke MDF-Streifen (Brett und 2 Konsolen, Länge je nach Bedarf), 2 cm dicker Rundstab aus Holz, 5er-Dübel, 3,5 x 40 mm, 4 x 50 mm Schrauben, Holzleim, Feinspachtel, 120er-Schleifpapier, Acryllack

Werkzeug: Bohrmaschine, Stichsäge, Schleifklotz, Japanspachtel, Lackwanne und -rolle

1. Holz zuschneiden
Mit einer maßstabsgerechten Ansichtszeichnung der zu verkleidenden Badezimmerwand die Plattenmaße ermitteln. Im Baumarkt Rückwand und Regalteile auf Länge und Breite schneiden lassen. Wellenprofil (Höhe: ca. 30 cm, Breite: ca. 80 cm, siehe Zeichnung) anhand einer Papierschablone auf der oberen Kante der MDF-Platte aufzeichnen, mit der Stichsäge aus der Platte ausschneiden. Mit Schleifpapier glätten, und die Kanten leicht brechen (= abrunden). Die Regalträger sind 30 cm lang, Profil anhand einer Papierschablone (Zeichnung um 200 Prozent auf dem Kopierer vergrößern und ausschneiden) aufzeichnen, mit der Stichsäge zuschneiden, 2-cm-Loch für Holzstange einbohren, Kanten mit Schleifpapier leicht brechen (abrunden).

2. Regal zusammenbauen
Das Brett steht seitlich 40 cm über. Je zwei Schraublöcher entsprechend von oben einbohren, Holzleim auftragen, Brett längs hochstellen, Konsolträger rechtwinklig daranstellen, verschrauben. Der Holzrundstab steht seitlich 30 cm heraus und wird erst nach dem Lackieren durchgeschoben.

3. Regal und Rückwand anschrauben
Regalumrisse von vorne in Waschbeckenhöhe auf die gewellte Rückwand zeichnen, drei Löcher bohren, durch die nach dem Lackieren das Regal von hinten angeschraubt wird. Waschbecken oder -tisch abmontieren (vorher Wasser abstellen!), Löcher in die Rückwand schneiden für Zu- und Abflüsse, Rückwand flach hinlegen, mit Lackrolle zweimal streichen. Nach dem Trocknen Regal anschrauben, und das gesamte Ensemble von vorne in die Wand dübeln. Möglichst wenig Löcher bohren, Schraubenköpfe zum Schluß zuspachteln und streichen.

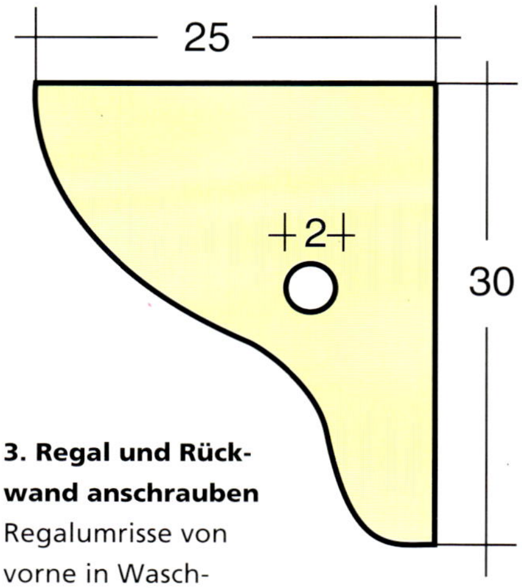

Seitenansicht einer Konsole ca. 8fach auf dem Kopierer vergrößern, ausschneiden, und Umrisse auf MDF-Platte malen, mit der Stichsäge ausschneiden

BAMBUS-LEITER

Idee von Seite 71

Material: 4 bis 6 cm dicke Bambusstangen (Gartencenter), Bastfäden
Werkzeug: Schraubstock, Feinsäge, Rundfeile

1. Stangen und Sprossen zuschneiden
Die dicken Stangen (ca. 180 cm lang) ergeben die beiden Holme, die dünnen (ca. 50 cm lang) die Sprossen. Mit der Feinsäge absägen. Die unteren Sprossen sind etwas länger als die oberen – die Leiter verjüngt sich nach oben um ca. 10 cm. Sprossenabstand: 40 bis 50 cm.

2. Sprossen und Holme verbinden
Holme unten bündig hinlegen, Sprossen per Augenmaß quer darüber verteilen, Berührungspunkte mit Bleistift auf den Holmen markieren. Holm in den Schraubstock spannen, und mit der Feile halbrunde Einkerbungen anbringen, entsprechend dem jeweiligen Sprossenende. Wenn alle Einkerbungen passen, Holme und Sprossen straff mehrfach über Kreuz zusammenbinden.

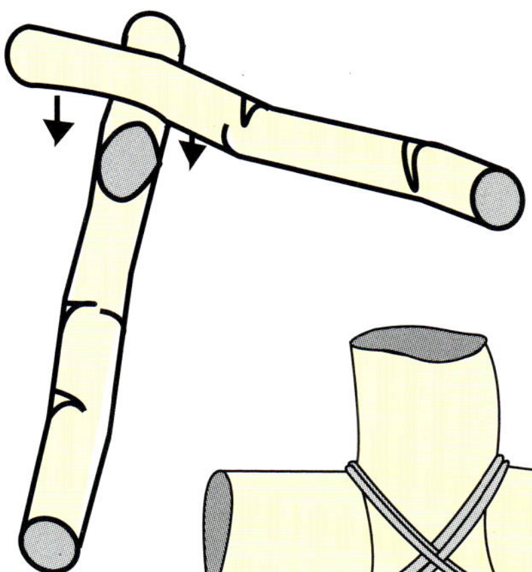

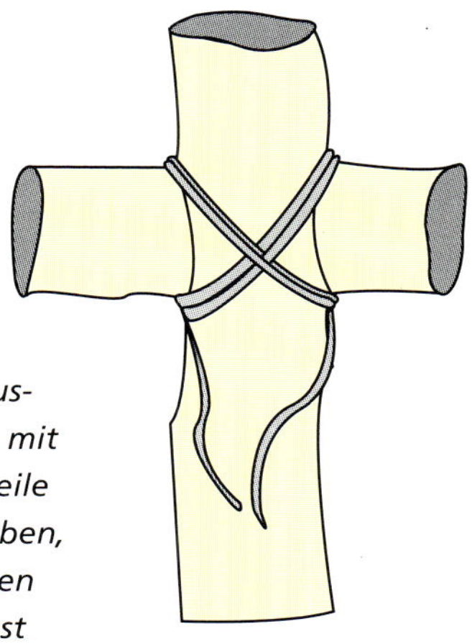

Bambusholme mit Rundfeile einkerben, Sprossen mit Bast anbinden

EXTRA-TIP

Schluß mit dem Abkratzen von Kleberesten alter Haken

Haken an, Haken ab

1. *Die Power-Strips System-Haken bestehen aus drei Teilen: Dekor-Haken, Basisplatte und Power-Strip. Platte und Haken trennen, Schutzfolie von einer Seite des Power-Strip abziehen, Power-Strip mit dem Anfasser nach unten an die gewünschte Stelle kleben*

2. *Zweite Schutzfolie entfernen, und Platte fest auf den Power-Strip aufdrücken*

3. *Haken mit sanftem Druck auf die Basisplatte einklinken – fertig. Platte und Anfasser sind nun unter dem Haken verborgen*

4. *Zum Entfernen wird der Haken von der Basisplatte abgenommen, und der Power-Strip durch Ziehen am Anfasser von der Wand gelöst. Haken und Platte können unbeschädigt wiederverwendet werden. Um den Haken wieder aufhängen zu können, wird ein neuer Power-Strip auf die Platte geklebt (Ersatz-Strips werden mitgeliefert)*

5. *Das Hakensystem gibt es in verschiedenen Formen und Farben (z.B. Weiß, Beige, Chrom, Blau, Rot, Schwarz)*

Eine Zimmerecke wird mit einer raumhohen Platte abgeteilt, davor eine Jalousie angebracht. Die 25 mm dicke beschichtete Spanplatte mit Stuhlwinkeln von innen an die Wand dübeln

WASCH-MASCHINEN-SCHRANK

Idee von Seite 74

Material: weiß beschichtete Spanplatte (ca. 65 cm breit, Länge wie Raumhöhe minus 1 cm, 25 mm dick), Hobelleiste (4 x 2 cm, ca. 65 cm lang), weiße Kantenumleimer (3 cm breit), 5 Stuhlwinkel, 5er-Dübel, 3,5 x 45 mm und 3,5 x 25 mm Schrauben, 180er-Schleifpapier, Jalousie (Länge wie Raumhöhe, Breite ca. 65 cm)
Werkzeug: Bohrmaschine, Bügeleisen, Stecheisen, Wasserwaage, eventuell Stichsäge

1. Vorarbeiten
Waschmaschine und Trockner übereinander in die vorgesehene Bad-Ecke stellen – so dicht wie möglich an die Wände gerückt. Zu- und Abläufe überprüfen (sie sollten von hinten kommen). Der Wasserhahn für die Waschmaschine muß später von außen frei zugänglich sein – wenn nötig, Klempner mit der Verlegung beauftragen.

2. Schrank montieren
Im Baumarkt die Spanplatte zuschneiden lassen, und mit 2 cm Abstand zur Wasch-Trocken-Kombination aufstellen. Unebenheiten der Wand mit der Stichsäge auf der hinteren Kante ausgleichen. An der vorderen Kante Kantenumleimer aufbügeln, und die Überstände mit dem Stecheisen abschneiden, zusätzlich die scharfen Kanten mit Schleifpapier brechen. Innere hintere Kante der Spanplatte auf der Wand anzeichnen, und zwei Stuhlwinkel bis zur Markierung an die Wand dübeln. Spanplatte von innen mit den Stuhlwinkeln und Holzschrauben befestigen, zusätzlich noch mit einem dritten Stuhlwinkel am Boden festdübeln. Die vordere Kante der Hobelleiste mit Kantenumleimer bekleben. Als Abstandshalter und zur Stabilisierung am oberen Ende der Spanplatte die Hobelleiste zwischen Spanplatte und Wand dübeln und schrauben, dabei die Hobelleiste in der Tiefe der Jalousie nach hinten versetzen. So schließt die Jalousie bündig mit der Spanplatte ab. Jalousie auf der Hobelleiste anschrauben.

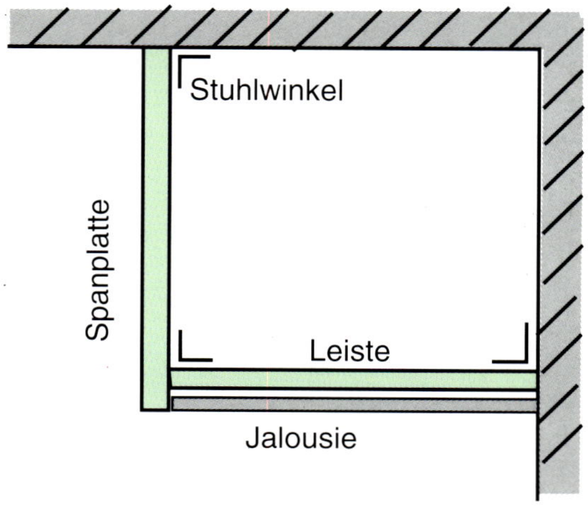

Schnittansicht von oben: Die Trennwand grenzt einen ca. 62 x 65 cm großen Stellplatz für Waschmaschine und Trockner ab

EXTRA-TIP

Make-up für häßliche Fliesen

Was tun, wenn die schönsten Deko-Ideen fürs Bad an häßlichen Fliesen scheitern? Antwort: Den Vermieter um Erlaubnis bitten, und dann einfach überstreichen. Mit einem Fliesen-Make-up, das auch Wanne und Boden perfekt Ton-in-Ton abdeckt und absolut beständig ist. Das Set enthält alles, was für eine perfekte Übermalung notwendig ist

1. Reinigen, Haftgrund auftragen. *Fliesen und Fugen mit der Reinigungsflüssigkeit abreiben. Fliesenränder abkleben. Dann Haftgrund auftragen*

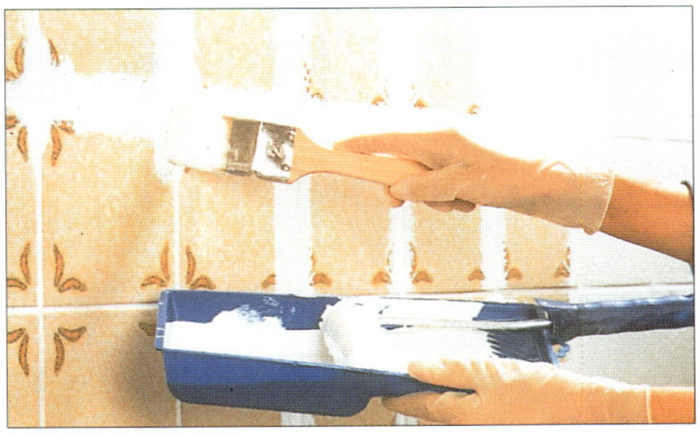

2. Fugen streichen. *Mit dem Flachpinsel und in kleinen Abschnitten von 4 mal 4 Kacheln. Nur notwendig, wenn die Fugen sehr tief sind*

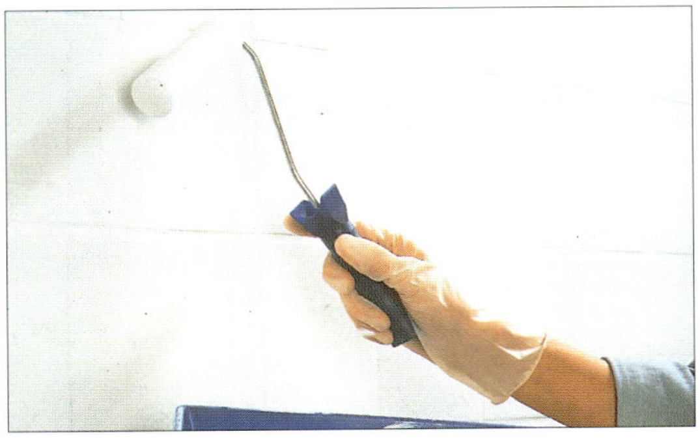

3. Fliesen beschichten. *Mit der Schaumstoffrolle gleichmäßig in alle Richtungen die Farbbeschichtung auftragen. Nach 6-12 Stunden wiederholen*

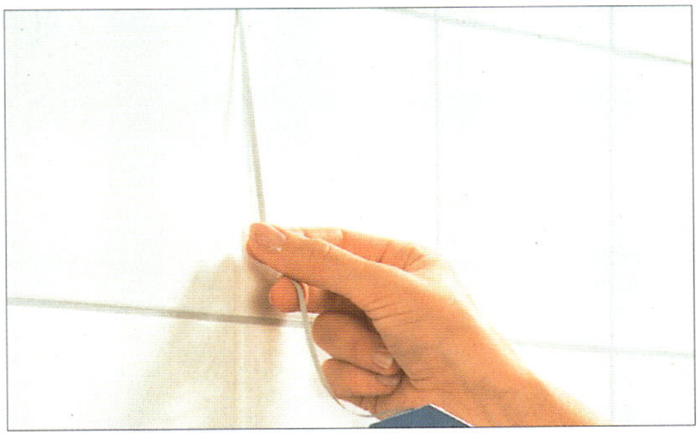

4. Fugen verkleben. *Selbstklebende Fugenstreifen einpassen. Dann alles mit transparenter Beschichtung dauerhaft und wasserfest versiegeln*

5. Badewanne beschichten. *Das Fliesen-Make-up eignet sich auch zum Beschichten von Bade- und Duschwannen, Waschtischen und Heizkörpern*

6. Bodenfliesen streichen. *In einer Ecke beginnen, Richtung Tür weiterstreichen. Auch hier gilt: reinigen, grundieren, 2mal streichen, versiegeln*

KLAPP-TISCH

Aus einem Rahmen klappt bei Bedarf ein Tisch – geschnitten aus weiß beschichteter Spanplatte. Zusätzlicher Gag: Wenn der Tisch größer werden soll, klappt man auch den Rahmen herunter. Hinten hängt das Ganze an einem Klavierband-Scharnier, vorne steht der Tisch auf zwei Beinen, die mit einer Zarge verbunden sind. Gibt's fertig zu kaufen (PS-Kollektion von Ikea). Eine Einfachversion ohne Klapprahmen kann man selberbauen.

► *Anleitung auf Seite 86*

DOSEN-RECYCLING

Dekorative Zweitverwertung für schön bedruckte Konservendosen: Öffnung innen glattfeilen, und Dose je nach Untergrund in die Wand dübeln oder nageln. Mit Kochlöffeln oder Krimskrams füllen.

DEKORATIV UND NÜTZLICH

Küchen-Effekte

Ohne „coole" Geräte wie Kühlschrank, Herd und Spüle kommt keine Küche aus. Wer's trotzdem gern wohnlich hat, kombiniert die unvermeidliche Technik mit selbstgemachten Originalen. Ob Kräuterregal, Schrank mit Schreibtafel oder Pinnwand aus alten Obstkisten – persönlicher Stil ist garantiert!

KRÄUTER-REGALE

In Regalen aus dicken blau lasierten Fichtenbrettern stehen hinter Eisenbügeln Tontöpfe mit dekorativen Kräuterpflanzen. Ob über Eck oder einfach an der Wand lang: Wichtig ist, daß sich für die Regale ein Platz in Fensternähe findet, damit die Pflanzen genug Licht haben. ► *Anleitung auf Seite 86*

HUT-ABLAGE

Originell zweckentfremdet: An einer alten Hutablage vom Flohmarkt baumeln Kochgeschirr, Knoblauch und Kräuter. Damit das Gestänge metallisch schimmert, streicht man es mit Zinkfarbe.

TAFEL-SCHRANK

Streicht man einen alten Küchenschrank mit Tafelfarbe, kann man ihn auch als Memo-Board verwenden. Um die glatte Türfläche etwas aufzulockern, oben ein rundes Loch hineinschneiden und mit selbstgelochtem Zinkblech hinterlegen. Die Hakenleiste mit dem Vogel ist ebenfalls aus Zinkblech, mit der Blechschere geschnitten und mit Stiften aufgenagelt. ► *Anleitung auf Seite 87*

FÜR SCHRANK UND WAND

KOCH-WERKSTATT

Aus Werkbänken, Wellblech und Aluminiumrohren ist diese Küchenzeile gebaut. Das rostfreie Alu-Wellblech verdeckt unliebsame Fliesen und ist resistent gegen Fettspritzer. Die Werkbänke aus dem Baumarkt sind für starke Belastung konzipiert. Zwischen Decke und Küchenplatten werden zwei Aluminiumrohre verspannt, auf Querträgern liegen lackierte Borde. ► *Anleitung auf Seite 87*

ALLES AUS OBSTKISTEN

BRETT-SPIELE

Die oft schön bedruckten, kostenlosen Kistchen holt man sich nach Marktschluß und zerlegt sie vorsichtig. Dann fügt man sie mit Nägeln so zusammen, wie man sie braucht, beispielsweise zu einem Pinnbrett oder zu Geschirr- und Tassenhaltern (Haken anbringen). Schmale quer aufgehängte Kisten ergeben Miniregale für Küchenkleinkram. Das Holz in frischen Obstfarben oder, wenn die Bretter dekorativ beschriftet sind, einfach nur farblos streichen.

REGAL-IMPROVISATIONEN

Verschiedene Obststeigen ergeben im Verbund ein originelles Regal. Von der Seite angenagelte Sperrholzbrettchen bilden Regalböden, Bordüren aus Stoffresten rüschen die sägerauhen Kisten auf. Die unteren beiden Steigen werden in die Wand gedübelt, die oberen stehen darauf.

HOLZ-SETS

Wenn man mindestens vier gleiche Steigen ergattert, kann man aus den Böden ungewöhnliche Sets machen: Kisten vorsichtig zerlegen, Böden mit der Feinsäge auf ein Maß schneiden, Kanten mit Schleifpapier brechen, jedes Set in einer anderen frischen Sommerfarbe streichen.

ROLL-SCHRANK

Zwei gleiche übereinandergeschraubte Obstkisten kommen als mobiler Schrank zu neuen Ehren. An die untere Kiste mit zwei Scharnieren eine Tür aus sägerauhen Brettern schrauben und innen mit Hasendraht bespannen. Damit das Möbel beweglich wird, vier Möbelrollen unterschrauben.

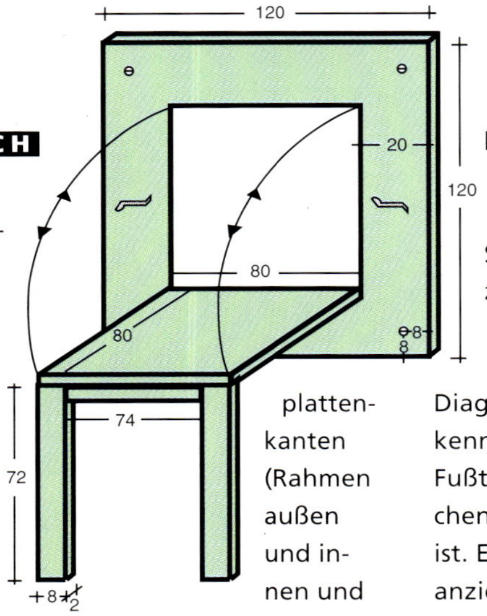

Eine Spanplatte und drei Buchenleisten ergeben einen praktischen Wand-Klapptisch

KLAPP-TISCH

Idee von Seite 80

Material: weiß beschichtete Spanplatte (120 x 120 x 22 mm), weiße Aufbügelstreifen, gehobelte Buchen-Bretter (2 Stck. 72 x 8 x 2 cm, 1 Stck. 64 x 8 x 2 cm) mit passenden Schrauben, 2 Rollscharniere mit passenden Schrauben, 10er-Dübelstange, vier 6er-Dübel mit passenden Linsenkopf-Schrauben, 22-mm-Distanzriegel, Holzleim, Klavierband 80 cm
Werkzeug: Stichsäge, Bohrmaschine, 6er- und 10er-Holzbohrer, 6er-Steinbohrer, 100 cm lange Schraubzwinge, Bügeleisen, Stecheisen, Schleifklotz, 180er-Schleifpapier

1. Platte ausschneiden
Genau aus der Mitte der weiß beschichteten Spanplatte (Rand rundum 20 cm) mit der Stichsäge die 80 x 80 cm große Tischplatte ausschneiden. Von hinten schneiden, damit die Beschichtung der sichtbaren Schnittkante nicht ausbricht. Schnittkanten mit Schleifpapier glätten, alle sichtbaren Spanplattenkanten (Rahmen außen und innen und Tischplatte rundum) mit Aufbügelstreifen schließen, Überstände mit dem Stecheisen abnehmen, Kanten mit Schleifpapier brechen, d.h. leicht abrunden.

2. Fußteil verleimen
Beine und das Verbindungsteil dazwischen (Zarge) werden unsichtbar miteinander verdübelt und verleimt. Mit dem 10er-Holzbohrer jeweils oben (so daß die Querzarge später bündig abschließt) in die Innenkanten der Beinbretter zwei Löcher ca. 5 cm tief einbohren. Exakt auf gleicher Höhe auch die Zarge beidseitig 5 cm in die Brettenden bohren. Von der Dübelstange vier 9 cm lange Dübel schneiden. Leim in die 8 Löcher geben, Dübel in die Zarge schlagen, Beine und Zargen erst lose zusammenstecken, dann waagerecht hinlegen und mit der Schraubzwinge zusammendrücken. Indem man die beiden Diagonalen mißt, erkennt man, ob das Fußteil im erforderlichen rechten Winkel ist. Erst dann den Leim anziehen lassen.

3. Tischplatte an Rahmen schrauben
Rahmen mit der Sichtseite nach oben flach hinlegen. Klavierband einseitig an einer Innenkante festschrauben. Klavierband 90 Grad aufklappen, Tischplatte mit einer Kante exakt dagegenschieben und anschrauben.

4. Fußteil an Tischplatte schrauben
Tischplatte in den Rahmen klappen, flach hinlegen. Rollscharniere für das Fußteil so setzen, daß es vorn an der Tischplatte 2 bis 3 mm zurückspringt. Erst die Scharniere innen am Fußteil anschrauben, dann auf der Tischplatte. Die beiden Distanzriegel, die Platte und Fußteil später in der Senkrechten halten, seitlich der Beine auf den Rahmen schrauben.

5. Klapptisch an die Wand dübeln
In alle vier Rahmenecken, jeweils 8 cm von den Ecken entfernt, von oben ein 6er-Loch bohren. Löcher auf die Wand übertragen: waagerecht 104 cm auseinander, senkrecht von unten 60 cm, oben 164 cm vom Boden. 6er-Dübel in die Wand setzen, Rahmen, Tischplatte und Fußteil gemeinsam mit Linsenkopf-Schrauben an der Wand befestigen.

KRÄUTER-REGALE

Idee von Seite 81

Material: Rauhspundbretter (2 x 10 cm), Holzleim, 4 x 70-mm-Schrauben, 8 mm dicke Eisenbügel, Holzlasur
Werkzeug: Bohrmaschine, Stichsäge, Schraubzwingen, Flachpinsel

1. Materialbedarf ermitteln
Ob Hoch-, Eck- oder Wandregale: Das Konstruktionsprinzip ist immer dasselbe. Die Rückwand trägt die Borde, eine vom Schlosser auf Maß gebogene Eisenstange verhindert, daß Gefäße herunterrutschen. Das

Längs-, Hoch- und Eckregal aus Fichte-Rauhspund-Brettern: An den Außenkanten Nut und Feder abschneiden, Bretter verleimen und verschrauben

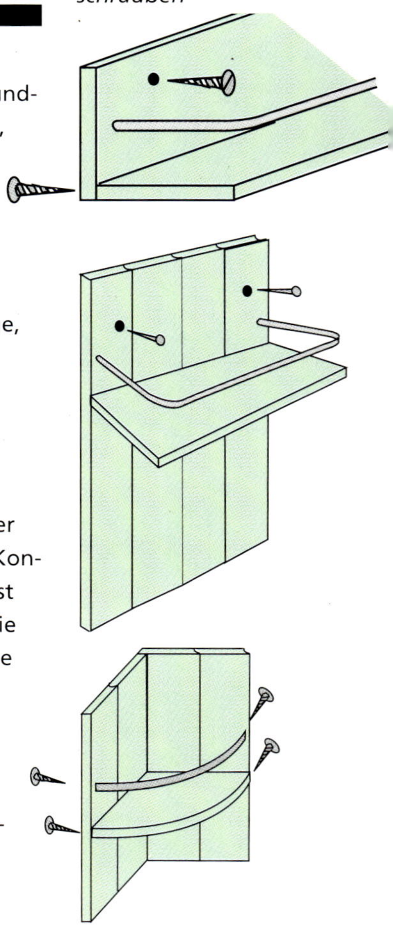

Vorlage am Kopierer um 400 Prozent vergrößern, mit Spitzbohrer übertragen

Wandregal besteht aus zwei rechtwinklig verschraubten Brettern (siehe Zeichnung). Für Hoch- und Eckregal Rückwand und Borde aus Rauhspund-Brettern verleimen. 2 zusammengesteckte und verleimte Bretter ergeben das Bord des Hochregals (ca. 20 cm breit), 4 Bretter die Rückwand (ca. 40 cm breit). Bretter im Holzmarkt ablängen und sichtbare Nuten und Federn gleich abschneiden lassen. Die Eisenbügel sind 2 cm kürzer als die Borde. Sie stecken lediglich mit ihren beiden Enden in der 2 cm dicken Rückwand.

2. Bretter leimen und verschrauben
Rückwände und Borde: Nut und Feder mit Holzleim einstreichen, auf einer ebenen Fläche zusammenstecken, mit mindestens drei Schraubzwingen verspannen. 1 Stunde trocknen lassen. Borde von hinten mit mindestens zwei Schrauben anbringen. Löcher für die Eisenbügel einbohren, mit Holzlasur streichen. Regale mit mindestens zwei Schrauben in die Wand dübeln.

TAFELSCHRANK

Idee von Seite 82 unten

Material: ein alter Küchen-Hochschrank (vom Trödler), 0,5 mm dickes Zinkblech (50 x 50 cm), Tafelfarbe, 120er- und 180er-Schleifpapier, Feinspachtel
Werkzeug: Stichsäge, Bohrmaschine, Spitzbohrer, Schleifklotz, kleiner Japanspachtel, Lackwanne und -rolle

1. Schrank vorbereiten
Tür aushängen, Griff abschrauben. Korpus mit Haushaltsreiniger säubern, mit 120er-Schleifpapier anrauhen. Aus der Tür in der oberen Hälfte eine 40 cm große Scheibe herausschneiden, Schnittkante mit Feinspachtel schließen, schleifen.

2. Schrank streichen
Alle sichtbaren Teile mit Tafelfarbe (vom Baumarkt) und Lackrolle zweimal streichen. Nach dem ersten Mal Zwischenschliff mit 180er-Schleifpapier, entstauben.

3. Blech lochen, anschrauben
Sonnenschablone (siehe Zeichnung) um 400 Prozent am Kopierer vergrößern. Mit Klebestreifen auf einem 50 x 50 cm großen Zinkblech fixieren, jeden Punkt mit Spitzbohrer und Hammer auf das Blech übertragen. Schablone entfernen, Blech flach auf eine alte Holzplatte legen, mit 5 mm-Bohrer jeden eingedrückten Punkt nachbohren. Blech von hinten über den Scheibenausschnitt der Tür schrauben. Tür wieder einhängen.

KOCHWERKSTATT

Idee von Seite 83

Material: 2 Werkbänke mit Arbeitsplatte (Baumarkt), rundes Einbauspülbecken, 2 Alu-Rohre (4 cm Durchmesser), Länge von Arbeitsplatte bis zur Decke, 4 Rohrmuffen, 4 je 12 cm lange Metallrohre (10 mm Durchmesser), Metallrohr (10 mm Durchmesser, ca. 2 m lang), 19 mm dicke MDF-Platte (2mal 20 x 240 cm), Wellaluminium in Wandbreite und -höhe (Branchentelefonbuch: Dachdeckereibedarf), 6er-Dübel und Schrauben, 120er-Schleifpapier, Parkettlack, farbloses Silikon, türkisfarbener Acryllack
Werkzeug: 6er- und 10er-Bohrer, Schraubenzieher, Pinsel, Stichsäge

1. Werkbänke lackieren
Alle Metallflächen mit dem türkisfarbenen Lack zweimal streichen. Arbeitsplatten glattschleifen und mit Parkettlack viermal versiegeln. Für den Einbau des Spülbeckens den Ausschnitt auf der Platte anzeichnen (liegt der Packung bei). Mit der Stichsäge ausschneiden. Becken einsetzen und am Rand mit Silikon abdichten.

2. Rückwand dübeln
Die Wellaluminium-Platten in der entsprechenden Wandgröße zuschneiden lassen (bzw. mit der Stichsäge und einem speziellen Alu-Sägeblatt selbst zusägen). Platten vor die Wand stellen, und mit dem 6er-Bohrer Löcher durch die Platte in die Wand bohren. Die Dübellöcher sollten einen waagerechten Abstand von 50 cm und einen senkrechten von ca. 70 cm haben. Beim Ansetzen der nächsten Platte Stöße einwellig überlappen lassen.

3. Regal montieren
In jedes Regalbrett zwei Löcher mit 40 mm Durchmesser für die senkrechten Alu-Träger bohren. Die Bohrungen liegen mittig, für den Abstand zueinander die Breite der Elektrogeräte (Kühlschrank, Herd etc.) ausmessen, und 10 cm dazugeben. Bretter mit Acryllack zweimal streichen. Die 40 mm dicken Alu-Rohre in 50 cm und 90 cm mittig mit einer 10-mm-Bohrung versehen, im rechten Winkel zu diesen Bohrungen in 40 cm Höhe für die Kochgeschirrstange je ein 10mm-Loch bohren. Alu-Rohre nebeneinanderlegen, in die zweite Bohrung die 12 cm langen Bodenträger stecken, und das erste Regalbrett auf die Alu-Rohre stecken. Bei dem zweiten Brett genauso vorgehen. Regal an der vorgesehenen Stelle mit Rohrmuffen auf die Arbeitsplatte und an die Decke schrauben. Die Kochgeschirrstange in die untersten Bohrungen schieben.

SOMMER

SOMMER-VARIANTE

Wucherndes Grün macht die Balkon-Voliere in der warmen Jahreszeit zu einem lauschigen Plätzchen, an dem man sich vor Einblick sicher fühlen kann.

Zierkohl, Wirsing, Blumen- und Rotkohl schmücken Balkonkästen in der Frostperiode mit apartem Farbspiel. Wenn sie nach Wochen braun werden, einfach austauschen.

STIMMUNG – WINTERSTIMMUNG

Balkon-Romantik

Glücklich, wer Balkon- oder Terrassentür öffnen kann, um in der Sonne zu dösen oder einfach nur ein bißchen Luft zu schnappen. Oft vermiesen aber häßliche Gestänge und trostlose Ausblicke die Freude an der luftigen Oase. Das muß nicht sein. Mit ein bißchen Fantasie kann man den prosaischsten Balkon in eine romantische Laube verwandeln. Sommers wie winters

WINTER-VOLIERE

Ein Taubennetz hindert nicht nur Tauben am Einnisten und Katzen an unseligen Sprüngen – man kann damit den ganzen Balkon in eine Art Voliere verwandeln, die auch bei Schnee und Rauhreif ihren Charme behält. Käfige an knorrige Äste hängen, und künstliche Piepmätze im Netz verteilen.

FEST-BELEUCHTUNG

Wenn man schon im Winter aufs Extrazimmer Balkon verzichten muß, kann man es wenigstens festlich illuminieren – mit Leuchtgans und Lichterketten aus dem Dekoladen.

STILL-LEBEN

Wacholderzweige, Teelichter und Terrakotta-Tiere verwandeln den frostigsten Balkon in einen anmutigen Blickfang. Das kahle Geäst eines Topfgehölzes kann man zusätzlich mit einer Lichterkette illuminieren.

PRIVAT-INSEL

Ein Paravant als Windschutz, Liegestuhl und Holzroste schaffen eine heimische Urlaubsinsel – auf Balkon oder Terrasse. Die Bambusstangen werden mit Fertigmörtel in Zinkeimern verankert, der Stoff einfach angebunden. Die wasserfesten Holzroste aus dem Gartencenter liegen lose auf.

LAUSCHIGE WINKEL

SOMMER-ZELT

Mehrere Meter langer und breiter Gardinentüll verwandelt einen Marktschirm in ein romantisches Zelt. Verwendet man soviel Tüll, daß sich das Zelt rundum schließen läßt, schützt es in lauen Sommernächten vor Mückenstichen. Tagsüber mildert der Stoff die stechende Sonne.

ZELT-HIMMEL

Dünne transparente Baumwolle verwandelt ein Dachzimmer in ein lauschiges Zelt. Stoffbahnen längs aneinandernähen, so daß beide Schrägen und der First zusammen von einem riesigen Stück Stoff verhängt werden. Längs der Kniestöcke und des Firsts mit Klettband befestigen.
► *Anleitung auf Seite 98*

WANDREGAL UND …

… ROLL-CONTAINER

Maßgefertigte Regale nutzen den Platz unter der Schräge zu hundert Prozent. Längs des Kniestocks schaffen durchlaufende Borde Platz für Ordner, Bücher und Kleinkram, davor stehen abgeschrägte Regale, die an den Schreibtisch gerollt werden können. ► *Anleitungen auf Seite 98*

MEHR STIMMUNG, MEHR FREIRAUM

Unter der Schräge

Nirgendwo fühlt man sich spontan so geborgen wie in Räumen mit schrägen Wänden. Doch nirgendwo sonst ist es schwieriger, Schränke und Regale aufzustellen: Es gibt kaum gerade Wände, Tisch und Stühle beanspruchen die oft wenig vorhandene Stehhöhe. Individuelle Lösungen sind gefragt, die die Schrägen optimal nutzen und die lauschige Stimmung noch steigern

SCHIEBE-WÄNDE

Japanische Shojis teilen unter der Schräge Stauraum ab und direkt unter dem Fenster einen Arbeitsplatz. Die leichten, dünnen Holzraster hängen frei an Schiebetür-Schienen und werden mit bemaltem Japanpapier oder mit Stoff bespannt. ► *Anleitung auf Seite 99*

KLAPPTISCH MIT BETT

Wenn Gäste kommen, rollt der Konsoltisch aus seinem Parkplatz – der Abseite – hervor, klappt zwei Flügel hoch und wächst zur 200 x 106 cm großen Tafel. Im „Parkzustand" ist das Bett ein Sofa. ► *Anleitung auf Seite 99*

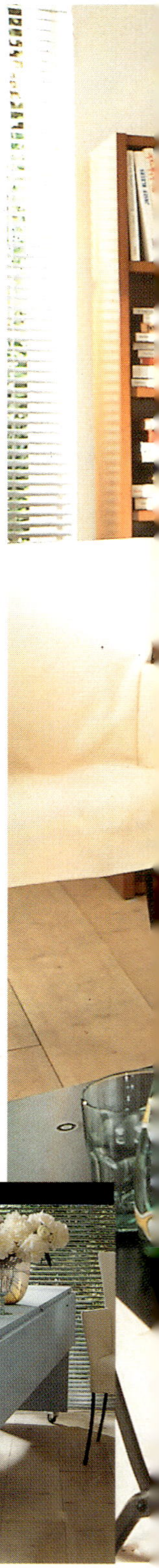

AB IN DEN WINKEL!

SCHREIB-BORD

Zierlich wie eine Konsole, groß genug für ein Home-Office: eine 40 cm breite Platte – vorne kaum sichtbar befestigt mit einem verspannten Drahtseil.

► *Anleitung auf Seite 100*

SCHRANK-BÜRO

Hinter raumhohen und -breiten Schiebetüren verschwindet ein kleines Büro. Mit einem kompletten Zubehörset aus dem Baumarkt kann man die Schiebetüren millimetergenau einpassen.

SCHREIB-ECKE

Elegant geschwungen und faszinierend einfach konstruiert: Kleiner, doppelstöckiger Arbeitsplatz, geschnitten aus nur einer einzigen weiß beschichteten Spanplatte, verschraubt mit Gewindestangen und Chromrohren.

► *Anleitung auf Seite 101*

KLEIN, ABER FUNKTIONELL

Schreib-Plätze

Ein Schreibtisch im Zimmer sieht immer gleich nach Büro aus. Doch keiner kommt ohne ein Plätzchen aus, an dem er Briefe schreiben oder Papierkram erledigen kann. Die Lösung: elegante, pfiffige Selbstbau-Möbel, die in jedem Zimmer Platz finden, ohne die Wohnatmosphäre zu stören

WAND-SEKRETÄR

Kurvig geschnittene Bretter stärken einem kleinen, fertig gekauften Klappsekretär den Rücken und werten ihn optisch auf, so daß er an der großen Wand nicht verloren wirkt. Die Fichtenbretter sind auf Querlatten genagelt, die Schattenfuge zur Wand hebt das Ensemble plastisch hervor.

► *Anleitung auf Seite 101*

WAND-REGAL

Idee von Seite 92

Material: 19 mm dicke MDF-Platten, 30 cm breit, Länge richtet sich nach der Raumbreite, Regalsystem mit Lochschienen für die Wand in Kniestockhöhe und einhängbaren Trägern, 25 cm breit (Baumarkt), Dübel und Schrauben, Acryllack, 15 mm lange Holzschrauben
Werkzeug: Wasserwaage, Maßstab, Bohrmaschine, Schraubenzieher, Pinsel

1. Regalbretter vorbereiten
Die Wandbreite ausmessen. Regalbretter 30 cm breit und wandbreit minus 2 cm zusägen lassen. Bretter mit Acryllack zweimal streichen.

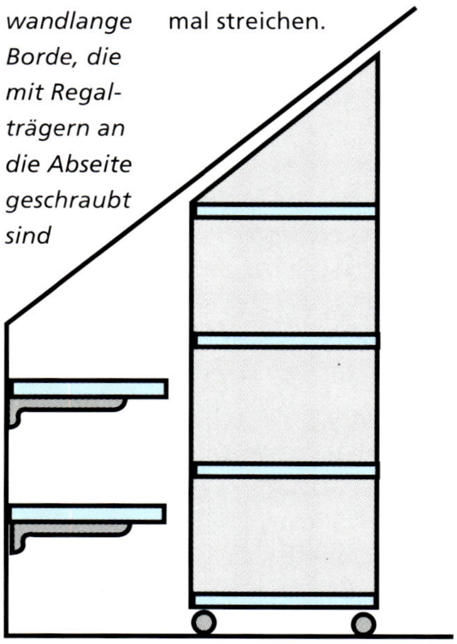

Hinter den Roll-Containern laufen zwei 30 cm breite wandlange Borde, die mit Regalträgern an die Abseite geschraubt sind

2. Regalträger anbringen
Die senkrechten Regalschienen sollten nicht weiter als 75 cm auseinanderliegen, da sonst die Bretter durchhängen. Abstände an der Wand senkrecht mit der Wasserwaage anzeichnen. Löcher für Dübel markieren und bohren. Regalschienen festschrauben. Bodenträger einhängen, und die Bretter auflegen. Bretter von unten mit Holzschrauben fixieren.

X CONTAINER

Idee von Seite 92

Material: 19 mm dicke MDF-Platte, Plattengröße siehe unten, 10 mm dicke MDF-Platte für die Rückwand, 4 feststellbare Möbelrollen, Holzschrauben, 16 Stuhlwinkel, Stahlnägel, Schleifpapier, Acryllack
Werkzeug: Stichsäge, Schmiege (siehe Hinweis), Schraubenzieher, Hammer, Pinsel, Senklot

1. Plattenmaße ermitteln
Ein Senklot in der gewünschten Containertiefe (auf dem Foto 45 cm) vor dem eingebauten Regal bzw. dem Kniestock an der Wandschräge befestigen. Distanz der Wandschräge zum Boden minus 8 cm ergibt die Höhe der seitlichen Containerwände. Die Breite der Containerböden festlegen (auf dem Foto 80 cm). Für die Rückwand werden Bodenbreite plus 3,5 cm und Containerwandhöhe minus Schräge benötigt (siehe Schemazeichnung).

2. Schräge festlegen und sägen
Mit der Schmiege die Dachschräge ausmessen (siehe Tip) und auf die seitlichen Containerwände übertragen. Mit der Stichsäge wegsägen. Die Kanten schleifen.

3. Container bauen
An die Schmalseiten der Böden jeweils 2 Stuhlwinkel bündig mit 4 cm Abstand zu den Längskanten schrauben. Die Seitenwände bündig an den untersten Boden stellen und mit den Stuhlwinkeln befestigen. Zum Festschrauben des obersten Bodens den Container flach auf den Boden legen, direkt unterhalb der Schräge den Boden mit nach unten gerichteten Stuhlwinkeln zwischen die Seitenwände schieben und festschrauben. Die beiden anderen Böden mit beliebigen Abständen genauso befestigen. Container zweimal mit Acrylfarbe lackieren.

4. Rückwand und Rollen montieren
Die Rückwand mit Acrylfarbe zweimal lackieren. Container flach auf den Boden legen, die Rückseite zeigt dabei nach oben. Rückwand bündig auf den Container legen und rundum im Abstand von 10 cm mit Nägeln fixieren, evtl. noch einige Nägel in Regalbodenhöhe einschlagen. Die Rollen unter den Container schrauben.

TIP: *Mit einer Schmiege kann man Winkel bestimmen. Die Feststellschraube lockern, einen Schenkel an einer Senk- oder Waagrechten anlegen, den anderen Schenkel der Schräge anpassen. Die Schraube feststellen. Winkel durch Anlegen an einer Kante übertragen*

Mit einer Schmiege nimmt man den Winkel der Dachschräge ab und überträgt ihn auf die Seiten der Roll-Container

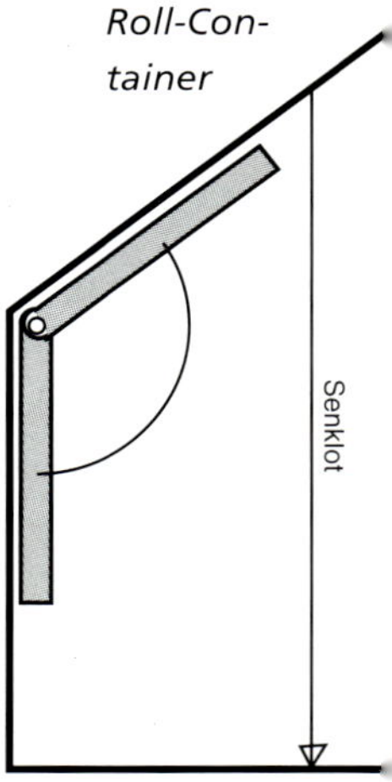

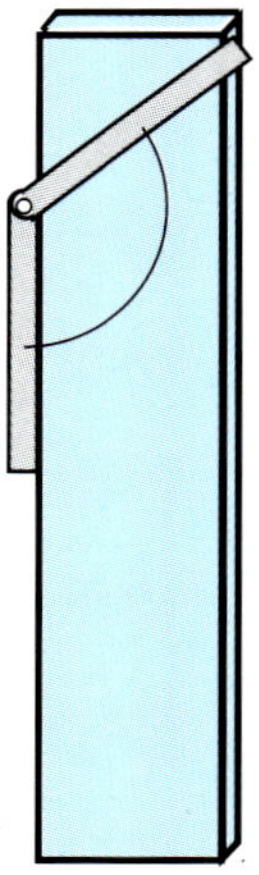

ZELT-HIMMEL

Idee von Seite 92/93

Material: Baumwollvoile, Schleiernessel oder Fallschirmseide, am besten 140 cm breit, die Länge errechnet sich aus der Raumgröße (siehe Schemazeichnung), aufklebbares Klettband, Nähseide
Werkzeug: Schere, Maßband, Tacker, Nähmaschine, Stecknadeln

1. Materialbedarf ermitteln
Die Dachschrägen vom First bis zum Kniestock ausmessen und mit 15 Prozent Zugabe in Länge und Breite maßstabsgerecht aufzeichnen. Parallel zum Dachfirst Linien in Stoffbreite ziehen (= Nähte der Stoffbahnen). Die Länge einer Bahn multipliziert mit der Anzahl der Bahnen ergibt den Stoffverbrauch.

TIP: *Da der Stoffbedarf sehr groß ist, nach Sonderangeboten schauen. Die Länge des Klettbandes entspricht der Länge von First und Kniestock. Außerdem werden 2 je 5 cm lange Abschnitte pro Quadratmeter Dachfläche zur punktuellen Befestigung benötigt.*

2. Bahnen nähen
Die Stoffbahnen in der entsprechenden Länge zuschneiden und an den Webkanten aneinandernähen (Schleiernessel erst waschen, dann zuschneiden). Die Querkanten zweimal je 1 cm auf die linke Seite umschlagen, bügeln und schmalkantig absteppen.

3. Himmel befestigen
Klettbandhälfte mit der rauhen Seite entlang des Firsts und des Kniestocks antackern. Im Abstand von 1 x 1 m 5cm-Abschnitte an die Dachschräge tackern. Die flauschige Klettbandhälfte auf die linke Stoffseite entlang der Naht, die auf den First trifft, und der Längskanten aufkleben. Zum besseren Halt mit einer Steppnaht sichern. Stoffhimmel zuerst am First ankletten, dann an den Seiten. An den Stellen, die auf die Klettbandabschnitte treffen sollen, Stecknadeln durch den Stoff in die Dachschräge stechen; so kann der Stoffall noch korrigiert werden. Stecknadeln aus der Wand ziehen, aber im Stoff steckenlassen. An diesen Punkten auf der Rückseite die rauhen Klettbandabschnitte aufkleben.

SCHIEBE-WÄNDE

Idee von Seite 94

Material: Shoji-Rahmen (Größe richtet sich nach der Wandbreite und -höhe), Baumwollstoff oder Japanpapier mit Muster zum Bespannen (Japanladen), Schiebetürschienen und Aufhängung (Baumarkt), Dübel und Schrauben für die Aufhängung, Acryllack
Werkzeug: Maßstab, Schere, Tacker, Bohrer, Pinsel

1. Materialbedarf ausmessen
Die Wandbreite und -höhe der Nische ausmessen, die durch die Shojis abgetrennt werden soll. Achtung: Um die Shojis schieben zu können, benötigt man seitlich der Nische mindestens 1 m Abstand zur Wand, oder man kauft eine doppelläufige Schiebetürschiene.

2. Shoji bespannen
Den Rahmen bei Bedarf mit Acrylfarbe lackieren. Auf die Rückseite den Stoff oder das Japanpapier glatt auftackern, die Kanten bündig wegschneiden. Am oberen Ende die Rollen für die Schiebetürschienen anschrauben.

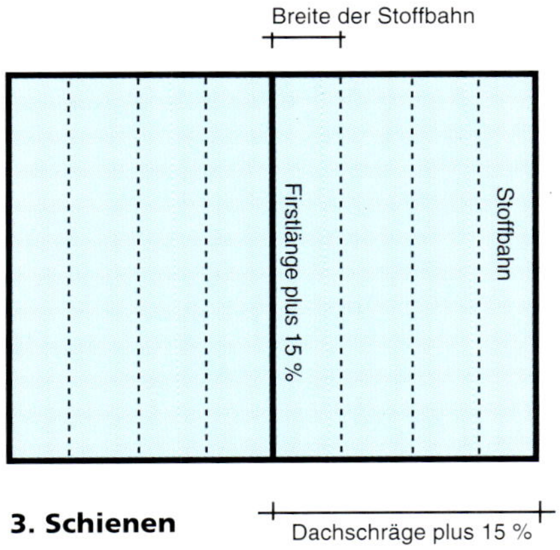

Der Zeltstoff besteht aus einem riesigen Stück, das die gesamte Raumlänge und die Breite der Dachschrägen bedeckt

3. Schienen befestigen
Die Schienen an die Decke halten, und die Bohrungen mit Bleistift markieren. Dübellöcher bohren, Dübel einsetzen und die Schienen festschrauben. Türen mit Rollen einhängen.

KLAPPTISCH MIT BETT

Idee von Seite 95

Material: Leimholz, 28 mm dick, einmal 210 x 50 cm (Tischplatte), 2mal 210 x 28 cm (Klappseiten), 2mal 65 x 50 cm (Tischbeine), 4 gehobelte Dachlatten, 3 x 5 x 40 cm (Stützleisten), 4 Schloßschrauben 8 x 100 mm mit 8 Beilegscheiben und 8 Muttern, 4 Klappscharniere, 4 Feststellrollen, ca. 5 cm hoch, 1 stumpfes Türblatt, 200 x 90 cm, 4 Feststellrollen, ca. 10 cm hoch, 4 Stuhlwinkel, Holzschrauben, 25 mm lang, blaue Holzlasur, Klarlack

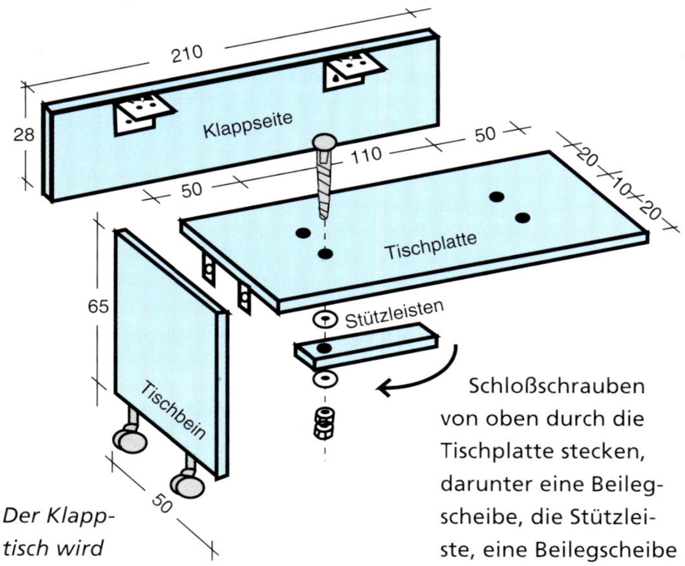

Der Klapptisch wird komplett aus 2 cm dicken Fichte-Leimholzplatten gebaut. Der Baumarkt sägt alle Einzelteile genau zu

Werkzeug: Bohrmaschine, 8er-Bohrer, Schraubenzieher, 120er-Schleifpapier, Flachpinsel

1. Holzplatten lackieren
Die Kanten der Leimholzplatten und die Stützleisten mit Schleifpapier leicht abrunden und glätten. Holz blau lasieren und mit Klarlack mehrmals lackieren.

2. Stützleisten befestigen
Die Löcher für die Stützleisten laut Zeichnung in die Tischplatte und mit 2,5 cm Abstand zu einer Quer- und den zwei Längskanten in die Dachlatten bohren. Die Schloßschrauben von oben durch die Tischplatte stecken, darunter eine Beilegscheibe, die Stützleiste, eine Beilegscheibe und zwei Kontermuttern schrauben. Durch die Beilegscheiben lassen sich die Stützleisten zur Seite drehen.

3. Scharniere und Klappseiten
Die Tischplatte und die Klappseiten bündig nebeneinander, Oberseite nach unten gerichtet, auf den Boden legen. Scharniere neben den Stützleisten auf der Tischplatte und den Klappseiten festschrauben.

4. Tischbeine befestigen
Auf die Unterseite der Tischplatte an den Schmalseiten bündig je 2 Stuhlwinkel schrauben. Tischbein bündig an der Kante ausrichten und mit den Stuhlwinkeln befestigen. Feststellrollen unter die Tischbeine schrauben.

SCHREIB-BORD

Idee von Seite 96

Material: 38 mm dicke MDF-Platte (Maße wie Schemazeichnung), an der vorderen Kante vom Schreiner abrunden lassen, Möbelbein aus Metall zum Anschrauben in Arbeitstischhöhe, 3 Metallwinkel mit 25 cm Schenkellänge, 2 Schraubösen, 1 Spannschloß, 1 Abstandshalter für Drahtseil, Drahtseil, ca. 250 cm lang mit 6 mm Durchmesser (Branchentelefonbuch: Segelbedarf), Dübel, Schrauben, Holzschrauben, Klarlack
Werkzeug: Bohrmaschine, Schraubenzieher, Drahtschneider, Flachpinsel

1. Metallwinkel anschrauben
Die Höhe des Möbelfußes ausmessen. Höhe an der Wand in Länge der Arbeitsplatte anzeichnen. Metallwinkel in gleichmäßigen Abständen mit Dübeln an der Wand befestigen, dabei schließt der obere Schenkel mit der waagerechten Markierung ab.

2. Platte vorbereiten
Das Loch für die Seilaufhängung bohren. Die MDF-Platte mit Klarlack zweimal lackieren. Möbelfuß mittig mit 15 cm Abstand zur Seite festschrauben.

3. Seilaufhängung
Die Platte auf die Metallwinkel legen. Von unten anschrauben. Von der Bohrung für die Seilaufhängung zur hinteren Kante der Platte mit Klebestreifen eine Linie markieren. Von dieser Markierung aus an der Wand eine Senkrechte bis zum Boden mit Klebeband markieren. Auf dieser Linie das obere Dübelloch 170 cm und das untere 20 cm über dem Boden bohren. Dübel und Schraubösen einsetzen. Seil unten mit Seilspanner befestigen, unterhalb der Platte einen Abstandshalter einschrauben.

Links steht das Brett auf einem Tischbein, das von unten angeschraubt wird, rechts wird es von einem verspannten Drahtseil gehalten

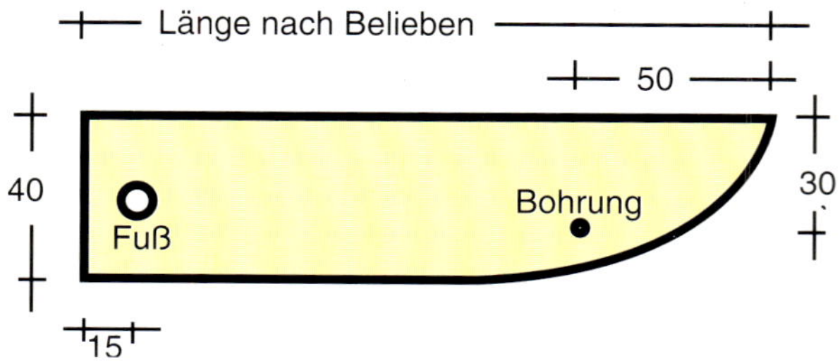

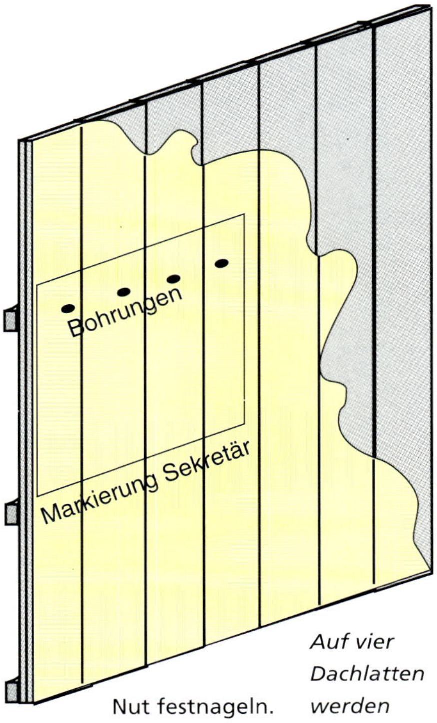

Auf vier Dachlatten werden Nut- und Federbretter zu einer Platte verbunden, oben und rechts kurvig beschnitten und an die Wand gedübelt

SCHREIB-ECKE

Idee von Seite 96

Chromrohre, die Gewindestangen verdecken, halten die zwei Etagen der Schreib-Ecke auf Distanz

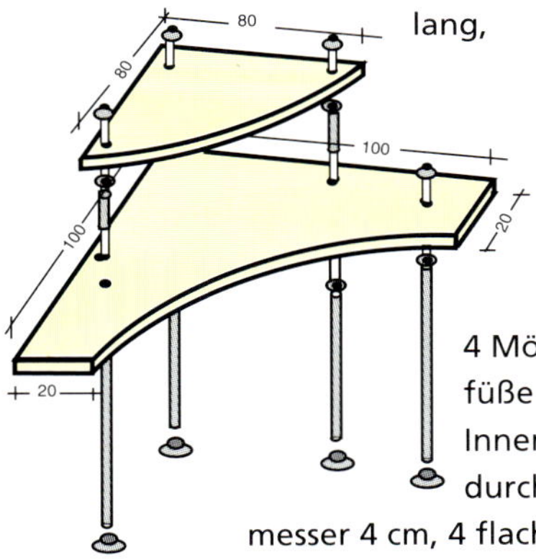

Material: 19 mm dicke weiß beschichtete Spanplatte, 1 x 1 m, 5 mm dicke Glasplatte (siehe Zeichnung) mit geschliffenen Kanten und 3 Bohrungen, Chromrohr mit 4 cm Durchmesser (3mal je 20 cm lang, 4mal je 70 cm lang), Gewindestangen, 3mal je 94 cm und einmal 72 cm lang, 4 Möbelfüße mit Innendurchmesser 4 cm, 4 flache Chromabdeckmuttern, 20 Muttern, 10 Beilegscheiben, weißer Kantenumleimer, 20 mm breit, Schleifpapier
Werkzeug: Stichsäge, Bohrmaschine, Schraubenzieher, Bügeleisen, Stecheisen, Nagel, Faden, Bleistift

1. Platte sägen und bohren
Einen ca. 90 cm langen Faden mit einem Ende um einen Nagel und mit 80 cm Abstand = Radius um einen Bleistift binden. Nagel an eine Ecke der quadratischen Spanplatte halten, mit dem Bleistift einen Vierteilkreis auf die Platte zeichnen. Rundung mit der Stichsäge genau aussägen. Die rechtwinklige Ecke des ausgesägten Viertelkreises bündig auf die rechtwinklige Ecke des Ablagebretts legen (genauso, wie der Tisch später zusammengebaut wird), darüber bündig die Glasplatte legen. Die Bohrungen der Glasplatte auf beide darunterliegenden Spanplatten durchzeichnen, zusätzlich die Bohrung für das 4. Bein auf dem Ablagebrett. Löcher bohren. Auf alle Kanten der Spanplatten Kantenumleimer mit dem Bügeleisen kleben. Überbreite mit dem Stecheisen abnehmen, feinschleifen.

2. Tisch zusammenbauen
Auf drei lange Gewindestangen je ein 46 cm langes Chromrohr schieben. Bündig mit dem Chromrohrabschluß 2 Kontermuttern und eine Beilegscheibe aufschrauben. Die untere Ablageplatte auf die Gewindestangen stecken, darüber mit Beilegscheibe und Kontermuttern fixieren. Die 20 cm langen Chromrohre darüberschieben, und bündig mit der oberen Kante Kontermuttern und Beilegscheibe aufschrauben. Die weiße Arbeitsplatte mit der Abdeckung aus Glas daraufstecken, auf der Oberfläche mit den Chromabdeckungen fixieren. Das 4. Bein genauso zusammenbauen. Als Abschluß Möbelfüße unter die Chromrohre stecken.

WAND-SEKRETÄR

Idee von Seite 96/97

Material: zweibeinigen Sekretär mit Schreibklappe, 2 cm dicke Nut- und Federbretter, Länge und Anzahl nach Größe des Sekretärs, 3 Dachlatten 2 x 4 cm, Länge richtet sich nach der Breite der Bretterwand, Dübel, Holzschrauben, Nägel
Werkzeug: Stichsäge, Bohrmaschine, Hammer, Schraubenzieher, Bleistift

1. Rückwand bauen
Dachlatten parallel mit gleichem Abstand auf den Boden legen. Das erste Brett mit der Feder nach außen auf den Dachlatten mit je einem Nagel in der Nut festnageln. Das zweite Brett in das erste schieben, vor dem Festnageln überprüfen, ob die Dachlatten noch parallel liegen. Alle Bretter aneinandersetzen. Mit Bleistift die Kontur aufzeichnen und mit der Stichsäge ausschneiden.

2. Rückwand und Sekretär aufstellen
Die Rückwand vor die Zimmerwand stellen. In dem Bereich, der später durch den Sekretär abgedeckt wird, Dübellöcher in Höhe einer querliegenden Dachlatte für die Wandbefestigung durch die Rückwand in die Wand bohren. Dübel und Schrauben eindrehen. Sekretär davorstellen und ebenfalls festschrauben.

COPY-ART

Der neobarocke Holzstuhl stammt aus dem Holzfachhandel. Den Bezug aus Nessel oder Leinen läßt man im Copy-shop mit einem beliebigen Motiv bedrucken (hier: Cabanales „Geburt der Venus"). Als Vorlage genügt eine Kunstpostkarte oder ein Urlaubsfoto.

► *Anleitung auf Seite 106*

BAROCK MODERN

Stuhl-Parade

Schätzungen zufolge gibt es zehnmal soviel Stühle wie Menschen. Da hat es ein einzelner Stuhl schwer, aus der Anonymität herauszutreten. Es sei denn, sein Besitzer weiß, wie leicht man einem gewöhnlichen Stuhl zu neuem Aussehen verhelfen kann – mit einem frechen Bezug, einer edlen Blattmetall-Beschichtung oder einem knallbunten Anstrich

BAROCK-POP

Lackiert man Neobarock-Rohlinge mit knalligen Farben und bezieht sie mit bunten Seiden- oder Twillstoffen, verleihen sie einem ganzen Raum fröhliche Stimmung.

► *Anleitung auf Seite 106*

Simple Bistrostühle erhalten mit Silber- und Goldblatt-Beschichtung eine edle Patina.

EDEL-PATINA Gestelle schwarz streichen, mit Anlegeöl einlassen, Blattmetall mit Pinsel oder Lappen andrücken und mit Klarlack versiegeln.
► *Anleitung auf Seite 107*

Dunkelgrün lackierte alte Stühle werden mit Blattmetall in Silber,

KNITTER-LOOK Kupfer oder Gold (aus dem Künstlerbedarf) lückenhaft beschichtet. Sieht aus, als sei etwas Blattgold über die Jahrhunderte abgeplatzt: morbide, aber charmant. ► *Anleitung auf Seite 106*

KÜCHEN-STUHL

Seinen Stammplatz in der Küche demonstriert dieser Stuhl mit aufgeklebten Kopien aus einem alten Kochbuch.
► *Anleitung auf Seite 107*

SCHRIFT-STÜCK

Ein Textilmalstift verewigt denkwürdige Texte auf Lehne, Sitz und Kissen und macht einen antiken Sessel zum ganz persönlichen Besitz.
► *Anleitung auf Seite 107*

PATINA UND POP

SITZ-OBJEKTE

Linien und Punkte, abstrahierte Blüten und unterschiedlich bemalte Beine, Lehnen und Sprossen machen aus alten Küchenstühlen Unikate. **TIP:** *Sollen mehrere Stühle um einen Tisch herum stehen, sollten ein bis zwei derselben Farben auf jedem Stuhl wieder auftauchen.*

COPY-ART

Idee von Seite 102

Material: Stuhl im Neobarock-Stil, Kunstdruck, 1 m festen Baumwollstoff in Hellbeige, ca. 1,3 m dünnen Nessel
Werkzeug: Schere, Stecknadeln, Tacker, Nähmaschine

1. Schnitt anfertigen
Nessel mit 10 cm Zugabe in Sitzform grob zuschneiden. Nessel auf die Sitzfläche legen und mit Stecknadeln entlang der Sitzfläche feststecken. Mit Bleistift die Kontur nachziehen. Nessel entlang der Markierung zuschneiden. Mit der Rückenlehne genauso verfahren. Für den seitlichen Bezug des Sitzes die Höhe des Sitzkissens und den Umfang des Nesselbezugs ausmessen. Beim Zuschnitt in der Höhe 5 cm zugeben, beim Umfang 2 cm. Den Sitzbezug mit rundum 1,5 cm, den Rückenbezug mit 3 cm Zugabe zuschneiden.

2. Motiv kopieren
Im Copy-shop (Branchenbuch: Textildruck) die Druckvorlage (Kunstdruck oder Fotokopie) auf die Rückenlehne und die Sitzfläche aus Baumwollstoff übertragen lassen.

3. Bezug nähen und überziehen
Den seitlichen Streifen an den Schmalkanten rechts auf rechts legen, 1 cm breit steppen. Um die Sitzfläche mit Nadeln feststecken. Seitenteil rundum mit 1,5 cm Nahtzugabe auf die Sitzfläche steppen, über den Sitz ziehen. Entlang der unteren Sitzkante eingeschlagen am Holz festtackern. Den Bezug über die Füllung der Rückenlehne spannen und von der Rückseite her antackern. Nach Wunsch die Tackerklammern am Sitz und an der Kante der Rückenlehne mit einer aufgeklebten Kordel verdecken.

BAROCK-POP

Idee von Seite 102/103

Material: Stühle im Barockstil aus unbehandeltem Holz, matte Künstleracrylfarbe in verschiedenen leuchtenden Tönen für den Untergrund und in Weiß, Schmirgelpapier mit mittlerer Körnung, ca. 1,5 m Bezugsstoff, 90 cm breit (Rohseide oder Twill), ca. 3 – 4 m Schrägband, Textilkleber
Werkzeug: Pinsel, große Stecknadeln, Schere, Tacker

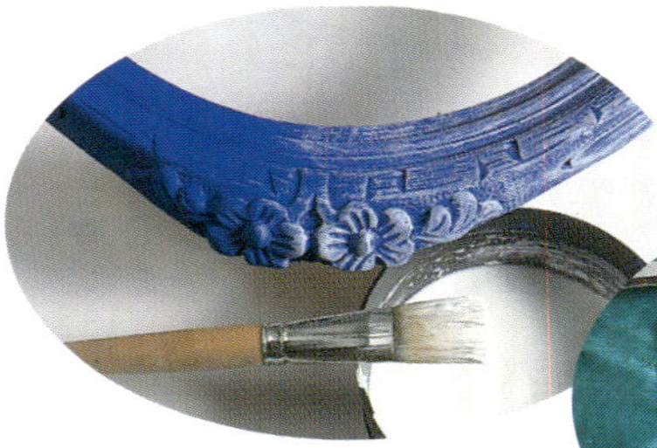

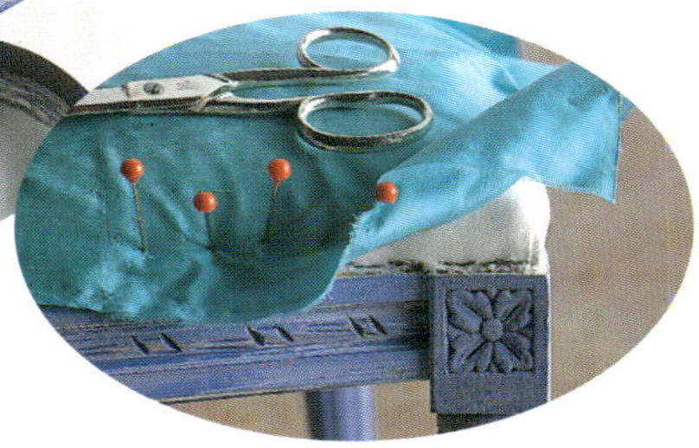

Zum Beziehen alter Stühle neuen Stoff mit 10 cm Zugabe zuschneiden und wechselnd diagonal antackern. Das Holzgestell erst farbig deckend, dann „trocken" mit Weiß streichen

1. Stuhl patinieren
Den Stuhl mit farbigem Acryllack grundieren. Dabei darf das Holz in den Zwischenräumen noch etwas durchblitzen. Trocknen lassen. Wenig weiße Farbe mit einem Pinsel aufnehmen und gut ausstreichen. Pinsel ganz leicht und unregelmäßig über das Gestell ziehen, es darf nur ein Hauch Farbe sichtbar sein. Gut trocknen lassen. Die Farben an den erhabenen Stellen mit Schleifpapier teilweise abschleifen, so daß das rohe Holz wieder sichtbar wird. Besonders edel wird der Stuhl durch einen Anstrich mit farblosem Wachs. Anschließend polieren.

2. Sitz beziehen
Den Stoff für den Sitz grob mit einer Zugabe von 10 cm zuschneiden. Auf das Stuhlpolster legen und glattstreichen. Entlang der Kanten mit großen Stecknadeln feststecken. Den Stoff erst an der Vorderkante, danach auf der gegenüberliegenden Seite festtackern. Dabei den Stoff immer wieder nachziehen und darauf achten, daß er keine Falten wirft. Die Rückenlehne nach dem gleichen Prinzip beziehen. Die überstehenden Stoffkanten knappkantig zurückschneiden. Über die Tackernadeln rundum mit Textilkleber das Schrägband kleben.

KNITTER-LOOK

Idee von Seite 104

Material und Werkzeug:
siehe „Edel-Patina"

Die Arbeitsschritte sind die gleichen wie bei den Bistrostühlen. Die Stühle nicht schwarz, sondern farbig mit Lack grundieren. Beim Auftragen des Anlegemittels unregelmäßig Stellen frei lassen, dadurch werden die Zwischenräume größer.

EDEL-PATINA

Idee von Seite 104

Material: Schlagmetall in Silber, Gold oder Kupfer, Anlegeöl, Klarlack, schwarze und braune Acrylfarbe, Bistrostühle
Werkzeug: Pinsel und Bürste (beide weich), Lappen, Schere

1. Grundieren
Stühle zweimal mit Acrylfarbe grundieren.

2. Schlagmetall auftragen
Anlegeöl mit dem Pinsel dünn auftragen. Antrocknen lassen, bis die Oberfläche berührfeucht ist. Schlagmetall mit der Fingerkuppe aufnehmen und auf die eingestrichene Fläche legen. Das hauchdünne Metall durch leichtes Pusten auf der Stuhloberfläche verteilen. Mit einem weichen Pinsel oder Lappen anreiben. Die Oberfläche mit Klarlack versiegeln.

KÜCHEN-STUHL

Idee von Seite 104

Material: Holzstuhl, Kochbuch mit Fotos, matter Klarlack, Schleifpapier, Holzleim, Farbkopierer (Copy-shop)
Werkzeug: Pinsel, weiche Bürste, Schere

1. Rezepte kopieren
Rezepte und Fotos aus dem Kochbuch auf dem Farbkopierer (Copy-shop) mehrfach in Blau kopieren. Motive verkleinern oder vergrößern, anschließend ausschneiden.

2. Stuhl bekleben
Alle Holzteile anschleifen. Die Motive mit Leim bestreichen und etwas aufweichen lassen. Die angeweichten Kopien auf das Holz auflegen, mit der Bürste anstreichen. Stuhlgestell komplett bekleben. Kleinere Motive für Beine und Streben zuschneiden. Kleber vollständig trocknen lassen, und alle beklebten Flächen mit Klarlack versiegeln.

SCHRIFT-STÜCK

Idee von Seite 104

Material: Stuhl, naturfarbener Möbelbezugsstoff, Textilmalstift in Gold, 4 Quasten, naturfarbener Kissenbezug
Werkzeug: Deko-Nadeln, Nähnadel, Nähfaden, Schere, Tacker

1. Stoff beschriften
Den Zuschnitt bestimmen wie unter „Copy-Art", Punkt 1, jedoch sofort mit dem Originalstoff beginnen. Bezug abnehmen und mit einem beliebigen Text beschriften.

2. Bezug antackern
Sitz beziehen wie bei „Barock-Pop", Punkt 2 beschrieben.

3. Kissen beschriften
Dünnen Karton in Kissengröße zuschneiden, in den Bezug schieben. Bezug beschriften. An den Ecken Quasten festnähen.

SITZ-OBJEKTE

Idee von Seite 105

Material: Holzstuhl, dünner Karton, Primer, Acrylfarben
Werkzeug: Pinsel in verschiedenen Stärken, Cutter, 120er-und 180er-Schleifpapier

1. Stuhl grundieren
Den Stuhl mit Schleifpapier glattschleifen. Mit Primer einmal grundieren, und gut trocknen lassen.

2. Memphis-Stuhl
Den Stuhl farbig lackieren. Mit einem dünneren Pinsel und Schwarz kurze Striche auf die Sitzfläche, Punkte und Streifen auf die Beine malen.

2. Mondrian-Stuhl
Sitzfläche und Rückenlehne mit Lineal und Bleistift in Flächen unterteilen. Zuerst die großen Farbflächen anlegen, dann die schwarzen Streifen und Beine streichen.

3. Rosen-Stuhl
Stuhl farbig lackieren. Das Rosenmuster mit 200 Prozent am Kopierer zweimal vergrößern. Je eine Kopie auf einen stärkeren Karton und ein normales Papier kleben. Blätter mit einem Cutter herausschneiden.

Vorlage für Rosenschablone: Am Kopierer um 400 Prozent vergrößern, auf dünnen Karton legen, mit dem Cutter ausschneiden

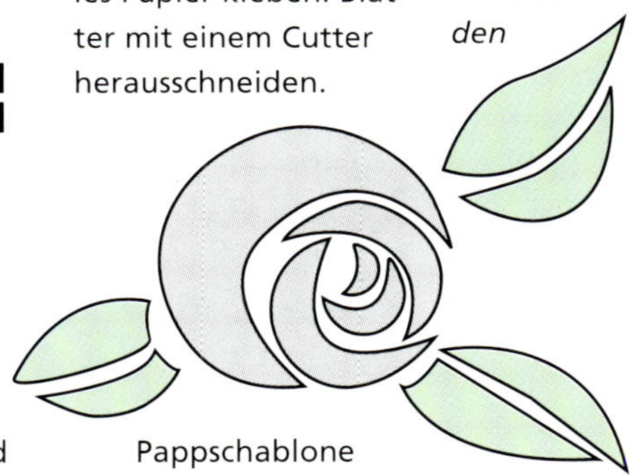

Pappschablone auf die Sitzfläche legen, und mit einem spitzen Messer die Konturen in die schwarze Farbe einritzen. An Stuhlrundungen die biegsame Papierschablone benützen. Die Rose in Pink und die Blätter in Grün ausmalen, den Anstrich wiederholen.

UTENSILIEN-SCHRANK

In die Türen eines schlichten furnierten Spanplatten-Schrankes oben je ein auf der Spitze stehendes Quadrat schneiden. Seitlich zwei Konsolträger bündig mit der Oberkante anschrauben, Schrank rosa lackieren, und eine 180 cm lange geschliffene Glasplatte auflegen. Die quadratischen Fenster mit Acrylglas und Messingschrauben schließen.

► *Anleitung auf Seite 112*

DUTZENDWARE WIRD BLICKFANG

Schrank-Unikate

Der Nachteil von preiswerten Schrankmöbeln: Sie sind Massenware und sehen meist ziemlich trostlos aus. Doch mit Farbe, Zierschrauben, Scharnieren und Aufsätzen kann man 08/15-Schränke zu spektakulären Einzelstücken herausputzen, die außerdem mehr Ablageflächen und Stauraum bieten

KÜCHEN-SCHRANK

Zwei eintürige Spanplattenschränke werden mit einem Überbau zum imposanten Küchenmöbel: Schränke inwändig zusammenschrauben, Türen nach dem Lackieren von außen mit Scheunentor-Scharnieren und Koffergriffen verzieren, zwei unterschiedlich lange, aber gleich breite Spanplatten mit Gewindestangen und Muttern auf Distanz verbinden, auflegen und von unten festschrauben.

► *Anleitung auf Seite 112*

JAPANESE STYLE
Lufthansa
SCHULE
SCHECK

SCHAFFT PLATZ UND ORDNUNG

KLEIDER-SCHRANK

BÜRO-SCHRANK

Drei schwarz beschichtete Schubkastentürme gruppieren sich zum praktischen Büro-Container: Schubkästen herausnehmen, Türme von innen zusammenschrauben. Schubkastengriffe durch Griffe mit Etikettenfeldern ersetzen. Trägerkonsole zuschneiden, in die Schrankoberseite einklinken, mit Kantholz rückwärtig anschrauben, Platte auflegen, an den Enden je eine Buchstütze mit Kugelkrone anschrauben. ► *Anleitung auf Seite 113*

Ein schlichter Fichtenholzschrank wird zum Träger bunter Kisten, die viel zusätzlichen Platz für Kleider oder Kleinkram bieten. Eine roh belassene Spanplatte liegt auf vier an den oberen Schrankecken angeschraubten Klötzen und wird in der Mitte hinten und vorne von goldfarben gestrichenen Holzkugeln gestützt. Seitlich je einen Halogenspot unterschrauben. ► *Anleitung auf Seite 113*

UTENSILIEN-SCHRANK

Idee von Seite 109

Material: zweitüriger Schrank, Glasplatte mit geschliffenen Kanten, 1 cm dick, in dreifacher Schrankbreite und Schranktiefe plus 2 cm, 2 Acrylglasplatten je 15 x 15 cm, 0,3 cm dick, 24 messingfarbene Linsenkopfschrauben und Muttern, 4 Metallwinkel 2 cm breit, Schenkellänge 25 cm, Holzschrauben, 2 messingfarbene verzierte Griffe, 120er-Schleifpapier, Primer, rosafarbenen Acryllack
Werkzeug: Bohrmaschine, Schraubenzieher, Stichsäge, Flachpinsel

1. Schrank vorbereiten
Mit 15 cm Abstand zur oberen Türkante auf jede Tür mittig ein 10 x 10 cm großes auf die Spitze gestelltes Quadrat aufzeichnen. Quadrate mit der Stichsäge aussägen. Kanten und alle Schrankoberflächen schleifen. Mit Primer grundieren, mit Acryllack streichen.

2. Winkel anschrauben
Seitlich am Schrank jeweils zwei Winkel an der vorderen und der hinteren Kante mit den Holzschrauben so befestigen, daß die waagerechten Schenkel 2 cm über den Seitenwänden liegen.

3. Fenster aufsetzen
Für die Linsenkopfschrauben in die Acrylglasplatten Löcher bohren. Abstand von den Kanten: 15 mm, Abstand der Löcher zueinander: 4 cm. Platten über die Löcher legen, Bohrungen anzeichnen, Löcher in den Schrank bohren. Acrylglas aufschrauben, von innen mit Muttern fixieren.

4. Schrank fertigstellen
Die Griffe in der gewünschten Höhe auf die Türen schrauben. Glasplatte mittig auf dem Schrank ausrichten. Vorne steht die Platte 2 cm über.

KÜCHEN-SCHRANK

Idee von Seite 108/109

Material: 2 eintürige Schränke, ca. 60 x 60 x 190 cm groß, 4 vernickelte und patinierte Flachscharniere, ca. 25 cm lang, 3 cm breit, 2 vernickelte und patinierte Griffe, vernickelte Holzschrauben, 1 Schrauböse mit Haken, 8er-Gewindestangen, 25 cm lang, 4 Flügelschrauben mit 8er-Muttern, Spanplatten 19 mm dick, 60 x 160 cm und 60 x 200 cm, Primer, grünen Acryllack, Schleifpapier mit mittlerer Körnung
Werkzeug: 8er-Bohrer, Wasserwaage, Pinsel

1. Schrank und Spanplatten vorbereiten
Die Schrankoberfläche und die Spanplatten mit Primer grundieren, mit Acryllack streichen

2. Scharniere und Griffe befestigen
Scharniere in 50 cm und 170 cm Höhe mit den Holzschrauben befestigen, die Griffe in 140 cm Höhe 2 cm von der vorderen Schranktür entfernt aufschrauben. Schränke bündig nebeneinanderstellen, und die aneinanderstoßenden Schrankseiten von innen mehrmals miteinander verschrauben. An der rechten Schrankseite in 120 cm Höhe die Schrauböse und den Haken so einschrauben, daß die geöffnete Schranktür bei Bedarf offen stehen bleibt.

3. Spanplatten befestigen
Die kleinere auf die größere Spanplatte legen, so daß an beiden Schmalseiten je 20 cm überstehen. Löcher für die Gewindestangen anzeichnen mit jeweils 2 cm Abstand zu den vorderen und hinteren Längskanten und 5 und 25 cm Abstand zu den Schmalseiten des kürzeren Bretts. Beide Spanplatten durchbohren. Die kürzere Spanplatte auf den Schrank mittig auflegen, und die Bohrungen auf der Schrankoberseite anzeichnen. Löcher bohren. Auf die Gewindestangen jeweils 2 Muttern mit ca. 4 cm Abstand zu den Enden aufschrauben. Gewindestangen von oben durch die 8 Bohrungen stecken und von unten mit Flügelmuttern bzw. Kontermuttern (im Schrankinneren) fixieren. Die große Spanplatte mit den Bohrungen auf die Gewindestangen stecken, dabei wird der Abstand durch die Muttern bestimmt. Brett mit der Wasserwaage ausrichten, und die Kontermuttern festziehen. Von oben ebenfalls mit Muttern fixieren.

BÜRO-SCHRANK

Idee von Seite 110

Material: 3 schmale Schubladenschränke in Schwarz, Spanplatten 16 mm dick (genaue Maße siehe Schemazeichnung), Griffe mit Ettikettenfeld, 4 Holzkugeln mit Bohrung, 40 mm Durchmesser, 6er-Holzdübel, 2 Vierkanthölzer, 3 x 3 cm, Länge wie Schrankbreite, Primer, Acryllack in Anthrazit, Dübel und Schrauben, Aufbügelkanten
Werkzeug: Bohrmaschine, Schraubenzieher, 120er-Schleifpapier, Pinsel, Bleistift

1. Spanplattengröße ausmessen
Die Schubladen aus den Schränken nehmen. Auf jede Schublade einen Griff mit Etikettenfeld aufschrauben. Schränke bündig stellen. Gesamte Schrankbreite ausmessen und maßstabsgetreu aufzeichnen (siehe Schemazeichnung). Spanplatten zusägen lassen, aus der Trägerplatte mit der Stichsäge die Aussparung für die Schränke ausschneiden.

2. Teile lackieren
Vor dem Lackieren in die Buchstützen mit je 4 cm Abstand 1 cm tiefe Löcher für die Holzdübel bohren. Die Löcher in den Buchstützen und den Holzkugeln mit Holzleim bestreichen. Dübel und die Holzkugeln aufstecken. Spanplatten und Kugeln mit Primer grundieren und mit Acryllack streichen.

3. Trägerplatte aufschrauben
Mit 15 cm Abstand zur hinteren Kante der Schubladenschränke ein Vierkantholz von oben mit 4 Schrauben festmachen. Die Trägerplatte senkrecht davorstellen und von der Rückseite her mit Schrauben befestigen.

4. Ablagebrett fertigstellen
Die Buchstützen an den Enden des Ablagebretts von unten mit Schrauben befestigen. Schrank mit Trägerplatte vor die Wand schieben. Die Oberkante und Breite der Trägerplatte (minus 15 cm beidseitig) mit Bleistift an der Wand markieren. Das zweite Vierkantholz mit 4 Dübeln unterhalb der Markierung an die Wand schrauben. Ablagebrett darauflegen und von unten festschrauben. Schrank darunterschieben.

Trägerplatte mittig und rechtwinklig unter das Ablagebrett schrauben, Kanten mit Aufbügelstreifen schließen

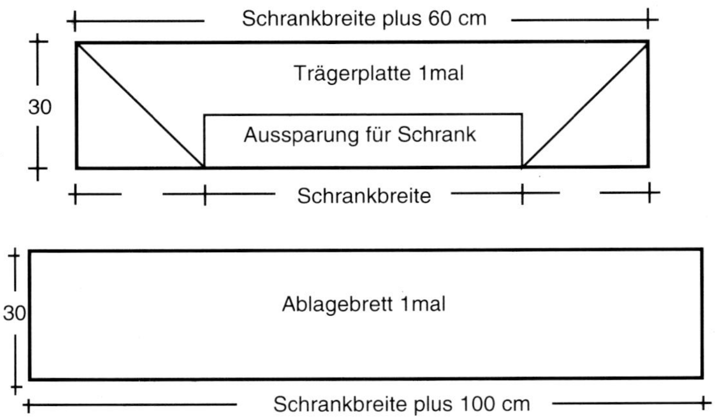

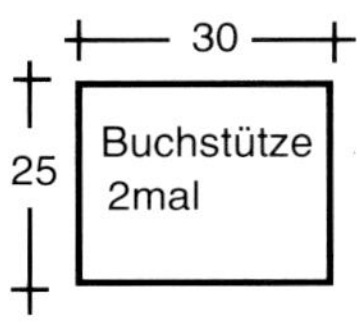

Der Büroschrank-Aufsatz besteht aus vier Teilen: Trägerplatte, Ablagebrett, 2 Buchstützen. Alle Teile miteinander verschrauben, Löcher zuspachteln und glattschleifen

KLEIDER-SCHRANK

Idee von Seite 111

Material: abgebeizter Bauernschrank, Spanplatte, 19 m dick in derselben Tiefe und in doppelter Breite wie der Schrank, 4 Holzklötzchen, 8 x 8 x 3 cm, 2 vergoldete 3cm-Holzkugeln, Holzschrauben, 2 Halogenspots zum Anschrauben, Holzleim
Werkzeug: Stichsäge, Bohrmaschine, Schraubenzieher

1. Klötze aufschrauben
Die Holzklötze an den Ecken des Schranks mit Holzschrauben befestigen. Die Holzkugel mittig aufleimen.

2. Halogenspots einbauen
Mit der Stichsäge mittig an beiden Seiten der Spanplatte ein Loch entsprechend der Größe der Spots aussägen. Spot von oben durchstecken und festschrauben.

3. Platte befestigen
Die Spanplatte mittig auf den Schrank legen und von oben mit Holzschrauben an den 4 Klötzchen festschrauben.

LASUR-DEKOR

Weichholz wird erst mit weißer, stark verdünnter Lacklasur gestrichen. Verwischt man den weißen Anstrich, erhält man eine subtil changierende Oberfläche, die aussieht, als seien die Farbpigmente über Jahre hin verblaßt. ► *Anleitung auf Seite 122*

SCHIMMER-DEKOR

Die Türfüllungen eines alten Weichholzschrankes werden durch Scherengitter ersetzt. Dann alles mattbraun und anschließend mattblau lackieren. *Wichtig:* Das Blau so flüchtig auftragen, daß das Braun stellenweise durchschimmert. ► *Anleitung auf Seite 122*

PINSELSTRICH-DEKOR

Tisch und Stühle mit mattem Acryllack weiß streichen, anschließend mit blauem Lack und breitem Flachpinsel „trocken" kreuz und quer überstreichen, so daß der weiße Untergrund durchscheint. ► *Anleitung auf Seite 122*

HOLZMÖBEL EDEL PATINIEREN

Sentimental Chic

Verwischte, changierende Oberflächen überziehen neue oder unansehnlich gewordene Möbel mit dem Charme jahrzehntelang gealteter Erbstücke. Mit Beizen, Lasuren, Flüssigwachs und Wischtechniken läßt sich der Alterungsprozeß auf wenige Stunden verkürzen

FARBWACHS-DEKOR

Früher hafteten Farben nicht dauerhaft auf dem Holz, rieben sich durch Benutzung ab oder zersetzten sich langsam. Diesen maroden Charme kann man mit pastellfarbenen Dekorwachsen imitieren, die erst satt aufgetragen und dann stellenweise wieder weggewischt werden. ► *Anleitung auf Seite 123*

Witzig,

TROMMEL-TISCH

Die ausrangierte Waschtrommel eines Topladers (vom Wertstoffhof) trägt eine runde geschliffene Glasplatte und wird so zum skurrilen Beistelltisch. ► *Anleitung auf Seite 123*

AUS ALT WIRD NEU

praktisch & schön

Oft sind es die kleinen Dinge, die eine Einrichtung unverwechselbar machen. Schon mit einem zufälligen Fundstück wie einem verrosteten Geländer, einer zweckentfremdeten Waschmaschinentrommel oder einem originell umfunktionierten Schrank kann man seiner Wohnung eine persönliche Note geben. Und dabei erleben, daß die Umsetzung witziger Ideen oft nicht mehr kostet als ein bißchen Zeit und Geschick

SCHAUKEL-SOFA

Statt eines straffen Markisenstoffs krönen üppig drapierter Schleiernessel und Posamente die Hollywood-Schaukel. Das Kiefernholz-Gestell wird mit weißem dünnflüssigen Holzöl gestrichen.

SCHRANK-SCHLEUSE

Das Gäste-WC wird durch die Tür des davor postierten Schrankes betreten. Dem Schrank wurde die Rückwand herausgeschnitten, der Boden entnommen und der Sockel von innen verkleidet.

► *Anleitung auf Seite 123*

GAGS FÜR NONKONFORMISTEN

SCHMUCK-STÜCKE

In gut sortierten Baumärkten findet man gedrechselte oder geschweifte Tischbeine aus Massivholz, die speziell für Selbstbautische mit individuellem Plattenmaß gefertigt sind. Die Tische kann man in Wischoptik veredeln oder mit Farbkopien bekleben und versiegeln. ► *Anleitung auf Seite 124*

Wie zwei Zeltbahnen fließt Voile von einer Vorhangstange herab, die mitten über dem Bett unter der Decke hängt. Damit Himmel und Bettwäsche optimal harmonieren, ist sie mit breiten Stehsäumen aus dem gleichen Blüten-Voile eingefaßt. ► *Anleitung auf Seite 125*

BLÜTEN-ZELT

MEMO-TAFEL

Eine weiß beschichtete 19 mm dicke Spanplatte wird ringsum mit Aufbügelstreifen versehen, in die Wand gedübelt und zweimal mit Lackrolle und Tafelfarbe gestrichen. Wenn das Schreiben mit der Zeit mühsam wird, einfach noch mal mit Tafelfarbe überstreichen.

STIMMUNGSMACHER

GITTER-KONSOLE

Der schmiedeeiserne Rest eines Geländers stützt dekorativ einen halbrunden Konsoltisch. Alte Zaun- oder Gitterreste bekommt man beim Schlosser oder im Wertstoffhof. Stäbe nur mit der Drahtbürste säubern, dann mit Zapoonlack „Patina" fixieren.

► *Anleitung auf Seite 124*

PARAVENT-KONSOLE

Heizkörper, die unter dem Fenster hervorragen, kann man schön mit einem niedrigen Paravent verdecken. Der Zickzack-Verlauf ermöglicht die Auflage eines Konsolbrettes. ► *Anleitung auf Seite 124*

Strandgut vom letzten Urlaub hält Erinnerungen wach – unter der Glastischplatte. Das Gestell wird aus MDF-Platten und -Leisten verleimt und verschraubt, anschließend mit Acryllack gestrichen.
► *Anleitung auf Seite 124*

STRAND-GUT

WASCH-KOMMODE

Eine schöne alte Kiefernkommode, in die ein Einbaubecken eingelassen ist, verleiht einem Bad nostalgischen Charme. Schubkästen herausnehmen, Blenden abnehmen und fest einleimen, Platte und Rückwand mit der Stichsäge für Becken und Armaturen entsprechend einschneiden, mit farblosem Silikon abdichten.

SCHIMMER-DEKOR

Idee von Seite 114

Material: abgebeizten Schrank aus Holz, Scherengitter aus Holz (Baumarkt), 2 Metallösen und ein 15 cm langes Rundholz (Schloß), Stahlnägel, royalblauen und rostbraunen Acryllack
Werkzeug: Stichsäge, Fuchsschwanz, Schraubenzieher, Hammer, harten Flachpinsel

1. Türfüllung austauschen
Die Scharniere an den Türen abschrauben. Türfüllungen mit der Stichsäge ausschneiden. Scherengitter nach Belieben auseinanderziehen. Die Maße der Türfüllung anzeichnen, rundum 1 cm zugeben und mit dem Fuchsschwanz aussägen. Gitter auf die Türinnenseite auflegen und mit Nägeln befestigen. Türen mit den Scharnieren wieder anschrauben.

2. Schrank patinieren
Mit dem Pinsel wenig rostbraune Farbe aufnehmen, und die Holzflächen streichen. Dabei den Lack nicht deckend auftragen, sondern das darunterliegende Holz durchscheinen lassen (am besten auf der Rückwand erst einmal ausprobieren). Nach dem Trocknen den blauen Lack genauso auftragen. Anschließend an den Kanten zusätzlich mit Schleifpapier so weit wegschleifen, bis die rostbraune Farbe und das Holz zu sehen ist. Die Metallösen und das Holz braun lackieren und auf die Schranktüren schrauben.

LASUR-DEKOR

Idee von Seite 114

Material: Tisch, Rahmen und Spanschachteln aus Naturholz, dunkle Lackbeize, Kunstharzlack seidenmatt in Türkis und in Weiß, Lackverdünnung, feines Schleifpapier
Werkzeug: Pinsel, weiche Bürste, weichen Stofflappen

1. Holz beizen
Die Holzflächen mit feinem Schmirgelpapier schleifen. Mit der weichen Bürste den Schleifstaub entfernen. Holzflächen mit der dunklen Lackbeize grundieren.

2. Patinieren
Die türkisfarbene Lackfarbe mit Lackverdünnung im Verhältnis 5 : 1 mischen. Verdünnten Lack auftragen und vollständig trocknen lassen. Weiße Lackfarbe im Verhältnis 3 : 1 mischen. Über der ersten Lackschicht auftragen, sofort danach mit einem weichen Lappen die Farbe stellenweise wieder abnehmen. In den Ecken und Ritzen die Farbe stehenlassen. Nach dem Trocknen die Kanten mit feinem Schleifpapier schmirgeln, so daß die dunkle Beize durchscheint.

PINSELSTRICH DEKOR

Idee von Seite 114

Material: matter weißer, blauer und gelber Acryllack, matter Klarlack auf Wasserbasis, Kreppband, 120er- und 180er-Schleifpapier, evtl. Feinspachtel
Werkzeug: Schleifmaschine oder Schleifklotz, Lackwanne und -rolle, Ringpinsel (Chinaborste), breiter und schmaler Flachpinsel, mehrere Baumwoll-Lappen

1. Tisch und Stühle vorbereiten
Die Möbel mit Haushaltsreiniger säubern, eventuelle Risse mit Feinspachtel füllen, trocknen lassen, glattschleifen. Alle Teile mit 120er-Schleifpapier aufrauhen als Haftgrund für den Lack.

2. Möbel weiß lackieren
Flächen mit Lackrolle, Beine und Sprossen mit Ringpinsel zweimal weiß lackieren. Zwischenschliff mit 180er-Schleifpapier.

3. Blau „trocken" aufstreichen
Den Flachpinsel nur mit wenig Farbe tränken, auf einem Lappen abtupfen, und Farbe mit leichtem Druck streifig auftragen. Das Blau an den Kanten mit einem sauberen Lappen sofort wegwischen, so daß der weiße Untergrund wieder hervorkommt.

4. Gelben Zierstreifen aufmalen
Mit Kreppband rundum 2 cm vom Tischplattenrand entfernt einen 2 cm breiten Streifen abkleben. An den Ecken je ein 2 x 2 cm Quadrat durch quer geklebtes Kreppband abteilen. Streifen und Quadrate mit einem schmalen Flachpinsel zweimal ausmalen. Kreppband sofort nach dem zweiten Streichgang entfernen.

5. Mit Klarlack versiegeln
Flächen mit der Lackrolle, Beine und Sprossen mit dem Ringpinsel zweimal klar lackieren. Zwischenschliff mit 180er-Schleifpapier.

FARBWACHS-DEKOR

Idee von Seite 115

Material: unbehandelte Naturholzmöbel und Holzaccessoires (Tablett etc.), weiße, rote, blaue und grüne Acrylfarbe, feines Schleifpapier, Scherengitter, weiße Preßspanplatte, 0,6 cm dick
Werkzeug: Pinsel, Schleifpapier

1. Holz patinieren
Die weiße Farbe mit wenig Rot, Blau oder Grün abtönen oder pur lassen. Mit dem Pinsel wenig Farbe aufnehmen und trocken auftragen, der Untergrund scheint noch durch. Nach dem Trocknen Flächen und Kanten anschleifen.

2. Schrankfüllung austauschen
Die gleichen Arbeitsschritte ausführen wie unter Punkt 1 „Schimmer-Dekor" beschrieben. Zusätzlich hinter das Gitter eine weiße Rückwand nageln.

TROMMEL-TISCH

Idee von Seite 116

Material: Waschtrommel (Toplader vom Wertstoffhof), 3 Gewindestangen, Länge in gewünschter Tischhöhe, 6 Hutmuttern, 12 Muttern, 6 Beilegscheiben, Spiegelglasplatte mit Bohrungen (Glaser), Papier oder dünnen Karton
Werkzeug: Schraubenschlüssel, Zirkel, Bleistift, Lineal

1. Waschtrommel ausbauen und Glasplatte messen
Die Waschtrommel aus der Waschmaschine ausbauen und reinigen, evtl. polieren. Den Durchmesser der Trommel ausmessen und 10 cm zugeben. Einen Kreis mit diesem Durchmesser aufzeichnen, den Mittelpunkt markieren. Ein gleichseitiges Dreieck mit der Seitenlänge des Abstands zweier Bohrungen der Trommelaufhängung aufzeichnen. Mittelpunkt markieren, genau über den Kreismittelpunkt legen. Die Spitzen des Dreiecks ergeben die Lage der Bohrungen für die Spiegelglasplatte. (Am besten zur Sicherheit das Gestell des Tisches zusammenstecken, und das Papiermuster auf die Gewindestangen stecken.)

2. Tisch zusammenbauen
Die Gewindestangen durch die Bohrungen der Trommelaufhängung schieben. Von oben je zwei Muttern und eine Beilegscheibe so weit auf die Gewindestangen drehen, daß darüber die Spiegelglasplatte mit der Hutmutter abschließt. Die Muttern durch Festhalten der einen und Drehen der anderen fixieren. Von unten auf die Gewindestangen je eine Beilegscheibe und zwei Muttern aufdrehen, damit die Höhe der Waschtrommel fixieren. Als Füße unten Hutmuttern aufschrauben.

SCHRANK-SCHLEUSE

Idee von Seite 118

Material: Bauernschrank aus Weichholz, 3 Holzbretter (für die Sockelverblendung, Maße vom Schrank abnehmen), weißpigmentiertes Holz-Flüssigwachs, Türknopf aus Porzellan zum Drehen, 6er-Dübel und -Schrauben, Holzschrauben
Werkzeug: Stichsäge, Bohrmaschine, 6er-Bohrer, Pinsel, Schraubenzieher

1. Rückwand ausschneiden
Die Türöffnung ausmessen, und die Maße auf die Rückwand des Schranks übertragen. Rückwand mit der Stichsäge ausschneiden. Alle Böden herausnehmen.

2. Sockel verblenden
Die Maße für die Sockelbretter von der Innenseite her messen, in der Höhe 3 cm zugeben. Sockelbretter zusägen, von innen gegen die Schrankwände schrauben.

3. Schrank lasieren
Schrank von innen und außen mit feuchtem Tuch auswischen, nach dem Trocknen zwei- bis dreimal mit weißem Holzwachs einstreichen.

4. Schrank befestigen
Den Schrank bündig vor die Türöffnung schieben. Mit der Bohrmaschine Löcher durch die restliche Schrankrückwand in die Wand bohren. Schrank andübeln. Anstelle des Türgriffs den Türknopf anschrauben.

SCHMUCK-STÜCKE

Idee von Seite 119

Material: Tischbeine zum Festschrauben, Tischplatten aus Leimholz in den gewünschten Größen, ca. 30 mm dick (alles im Baumarkt), Holzschrauben, Acryllack, Siegel-Lack, Farbkopien oder Geschenkpapier mit Rosen
Werkzeug: Schraubenzieher, Pinsel, Schere, Holzleim

1. Tisch bauen und lackieren
Die Tischbeine unter die Tischplatte schrauben. Den blauen Tisch zuerst weiß, dann mit blauem Lack trocken streichen. Mit Schleifpapier Kanten und Flächen so schleifen, daß die weiße Farbe wieder durchscheint. Die türkis- und rosafarbenen Tische werden deckend lackiert. Anschließend Rosen passend ausschneiden, mit Holzleim bestreichen, einweichen lassen und Motive aufkleben. Nach dem Trocknen mit Siegel-Lack streichen.

GITTER-KONSOLE

Idee von Seite 120

Material: ein Stück von einem alten Balkon- oder Zaungitter, Holzplatte, 2 cm dick, Größe zum Gitter passend, 2 Winkeleisen, Holzschrauben, 8er-Dübel, 2 Befestigungsschellen, weiße Acrylfarbe, Schleifpapier
Werkzeug: Schwamm, Bohrmaschine, Schraubenzieher, Stichsäge

1. Platte sägen und streichen
Mit Hilfe eines Zirkels aus Bleistift und Faden eine halbrunde Form auf die Holzplatte aufzeichnen und mit der Stichsäge ausschneiden. Kanten mit Schleifpapier glätten. Mit dem Schwamm weiße Acrylfarbe unregelmäßig aufwischen.

2. Winkel festschrauben
Die Höhe des Gitters ausmessen. Maß auf die Wand übertragen und anzeichnen. Die waagrechten Schenkel der Winkeleisen direkt unterhalb der Markierung anlegen und Bohrlöcher anzeichnen. Löcher bohren und Dübel einsetzen, Winkel festschrauben.

3. Gitter und Platte verbinden
Befestigungsschellen um das Gitter legen und mit Schrauben fixieren. Platte auf die Winkeleisen legen und Balkongitter darunterschieben. Von unten mit Holzschrauben durch die Befestigungsschellen festschrauben.

PARAVENT-KONSOLE

Idee von Seite 121

Material (pro Rahmen): gehobelte Dachlatten, 6 x 2 cm dick, zweimal je 80 cm und zweimal je 25 cm lang, Vierkantleisten, 1 x 1 cm dick, zweimal je 25 cm lang, Alu-Lochblechplatte, 2 mm dick, 61 x 28 cm, 2 Paraventscharniere mit Schrauben, Holzschrauben, Leimholzplatte, 3 cm dick, 40 cm breit, Länge entsprechend der Anzahl der Paraventflügel, türkisfarbenen Acryllack
Werkzeug: Schraubenzieher, Pinsel, Tacker

1. Rahmen bauen
Zwei lange Dachlatten parallel mit 25 cm Abstand nebeneinander legen. Mit 5 cm Abstand zum oberen und unteren Ende die schmalen Dachlatten rechtwinklig dazwischenschieben. Die querliegenden Sprossen mit Holzschrauben von der Schmalseite her festschrauben. Rahmen mit Acrylfarbe streichen. Lochblech mittig auf den Rahmen legen und mit kleinen Schrauben befestigen.

2. Paravent bauen
Die einzelnen Rahmen nebeneinanderlegen. In Höhe der Quersprossen die Scharniere festschrauben.

3. Konsole zusammenstellen
Die Leimholzplatte mit Acryllack streichen. Paravent im regelmäßigen Zickzack aufstellen und die Platte auflegen.

STRAND-GUT

Idee von Seite 121

Material: 4 quadratische Tischbeine mit Schrauben (Baumarkt), 4 Kantenleisten 8 x 2,5 x 55 cm, Fichtenleimholzplatte, 30 mm dick, 55 x 55 cm, Glasplatte 6 mm dick, 49,8 x 49,8 cm, 8 Glasbodenhalter, blauen Acryllack, Primer, Holzschrauben, Holzleim, Schleifpapier
Werkzeug: Lineal, Bohrmaschine, Feinsäge, Gehrungslade, Pinsel, Bleistift

1. Leisten und Tischplatte vorbereiten
Die Tischbeine auf der Rückseite der Tischplatte aufzeichnen. Mit Diagonalen den Mittelpunkt für die Schrauben markieren und vorbohren. Kantenleisten hochkant stellen, und die Enden auf Gehrung schneiden (45°). Die Breite der Kantenleisten auf der Rückseite des Tisches anzeichnen. 5 cm neben den Tischbeinen innerhalb der Markierung der Leisten Löcher vorbohren. Die Lage der Bohrungen auf der Tischplatte auf den Kantenleisten markieren, und ca. 1,5 cm tief vorbohren. Auf die Innenseiten der Kantenleisten mit ca. 1 cm Abstand zum oberen Rand und 10 cm Abstand zu den Ecken Löcher für die Glasbodenhalter bohren.

2. Tisch zusammenbauen
Die Kantenleisten an der Gehrung und den Unterkanten mit Holzleim bestreichen. Kurz antrocknen lassen und bündig auf die Oberseite der Tischplatte leimen. Die Kanten mit Schleifpapier glätten. Nach dem Trocknen den Tisch umdrehen, und die Beine einschrauben. Die Kantenleisten durch die Bohrlöcher von unten zusätzlich mit Schrauben fixieren. Tisch mit Primer grundieren und mit Acryllack streichen. Glasbodenhalter einstecken, Tisch dekorieren, und die Glasplatte auflegen.

BLÜTEN-ZELT

Idee von Seite 119

Material: für die Bettwäsche 6,0 m Baumwollstoff, 140 cm breit, 0,8 m Voile mit Blumenmuster, 300 cm breit. Für den Himmel 300 cm breiten Voile (Stofflänge: Höhe von der Vorhangstange bis zum Boden plus 50 cm), Vorhangstange und Halterung
Werkzeug: Nähmaschine, Bohrmaschine, 6er-Bohrer und -Dübel

1. Bettbezug nähen
Aus Voile eine Blende 45 x 140 cm zuschneiden. An einer Längskante erst 1 cm, dann 5 cm nach links bügeln und steppen. Für Unterseite des Bezugs 204 cm, für die Oberseite 231 cm vom Baumwollstoff abschneiden. Blende mit der offenen Kante links auf rechts auf die Querkante der Oberseite legen. Kante mit Zickzackstich feststeppen. Die unteren Querkanten der Ober- und Unterseite erst 1 cm, dann 2 cm nach links bügeln und steppen. Unterseite mit der oberen Querkante bündig rechts auf rechts auf die Oberseite legen, den überstehenden Stoff an der unteren Querkante über die Unterseite schlagen. Längskanten des Bettbezugs beidseitig 1 cm breit steppen, Bettbezug wenden.

2. Kissenbezug nähen
Aus Baumwollstoff die Unterseite 82 x 84 cm und die Oberseite 82 x 104 cm zuschneiden. Für den Stehsaum aus Voile einen Streifen 22 x 102 cm und zwei Streifen 22 x 92 cm zuschneiden. Auf die Enden des längeren Streifens beidseitig rechts auf rechts einen kürzeren Streifen legen. An jedem Ende eine rechtwinklige Spitze nähen. Nahtzugabe auf 1 cm zurückschneiden. Die offenen Kanten der Blende links auf links aufeinanderlegen, die Nähte an den Ecken liegen aufeinander. Ecken ausformen und den Bruch bügeln. Die offenen Enden mit Zickzackstich versäubern. Je eine Querkante der Ober- und Unterseite des Baumwollstoffs erst 1 cm, dann 2 cm nach links schlagen und bügeln. Stehsaum mit den offenen Kanten rechts auf rechts auf die Kanten der Unterseite legen, die Oberseite rechts auf rechts darüberlegen. Die drei Stofflagen mit Nadeln feststecken, den überstehenden Stoff an der Unterkante umschlagen und mit den Nadeln an den Seitennähten fixieren. Die Kanten 1 cm breit aufeinandersteppen, dabei den Stehsaum mitfassen. Kissen wenden und bügeln.

3. Himmel nähen und befestigen
Vorhangstange über dem Bett mit Dübeln befestigen. Die Stoffbahn längs halbieren, an der Querkante rechts auf rechts legen und 1 cm breit aufeinandersteppen. Die offenen Kanten rundum zweimal je 1 cm nach links schlagen und bügeln, schmalkantig feststeppen. Himmel über der Vorhangstange drapieren.

Kreative Wandmalereien

DULUX Creative gibt es in allen guten Baumärkten. Wer persönlichen Rat braucht, bekommt ihn vom

DULUX-Fachberater
ICI Lacke Farben GmbH
Postfach 940
40709 Hilden
oder direkt über die
DULUX HOTLINE
02103-778 88

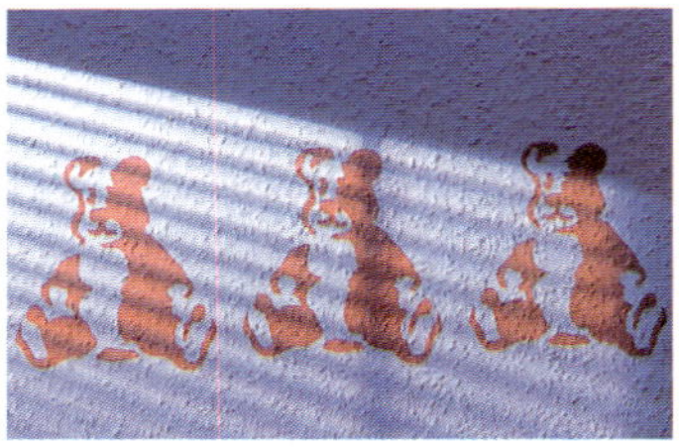

Marmor-Mal- und Schablonier-Effekte *(Seiten 18 – 23):* Wer sie nachmachen möchte, braucht Wandfarben, die sich mühelos auftragen lassen, deutlich weniger tropfen oder spritzen als herkömmliche Wand- und Deckenfarben und in jeder Kombination farblich perfekt harmonieren. Optimal dafür: die cremigen Dispersionsfarben von DULUX Creative. Es gibt bis zu 43 fertig abgetönte Farben, jede in Matt oder in Seidenglanz. Wer Fenster und Türen gleich mitstreichen möchte, bekommt passend dazu 12 Lackfarbtöne.

Und noch eine tolle Idee von DULUX: *ein Schablonier-Set aus vier hübschen Motiven (Fische, Teddybären, Sonnen und Pilze) und einem speziellen Schablonierpinsel. Mit Hilfe dieser Schablonen kann man sich ohne großen Aufwand einen dekorativen Fries an die Wand malen. Optimal dazu: die 1-Liter-Sondergröße der Intensivfarbtöne aus der DULUX-Creative-Reihe.*

Super-Idee von DULUX: *die Creative-Farbtester, kleine Fläschchen mit genug Farbe, um sich zu Hause ein Muster an die Wand oder auf ein Papier zu malen, so daß man die Wirkung der neuen Farbe unter wechselnden Lichtverhältnissen zu Hause testen kann.*

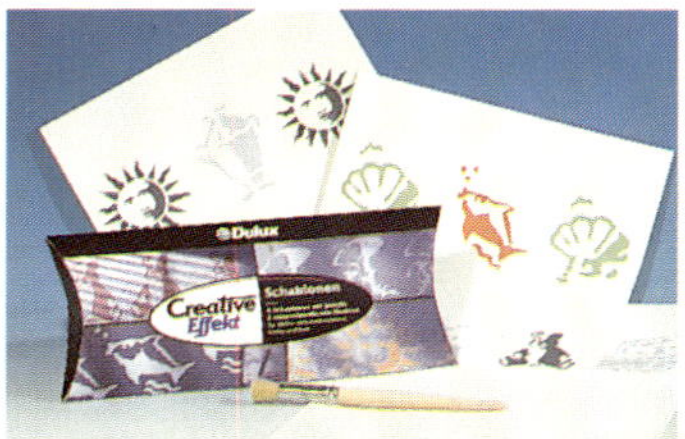

Fliesen-Make-up

Make-up für häßliche Fliesen *(Seite 79):* Das Fliesen-Make-up gibt es im Baumarkt, und zwar von KNAUF. Es umfaßt ein komplettes Set mit allem, was zum Beschichten nötig ist: Grundreiniger, Haftgrund, Farb-Beschichtung und Farbroller, Fugenstreifen und Versiegelung in seidenmatt oder glänzend. Die Farben: Weiß und Manhattan, ein dezentes Hellgrau. Die Beschichtung ist extrem belastbar und unempfindlich. Ein Prüfzeugnis zur Verschleißbeständigkeit glasierter Bodenfliesen liegt vor. Mit Fliesen-Make-up beschichtete Fliesen sind in die höchste Beanspruchungsgruppe eingestuft.

Vorher

Nachher

Tips für die Anwendung:

► Unbedingt während der Bearbeitung Handschuhe tragen.
► Die Beschichtung möglichst dünn auftragen.
► Von Fuge zu Fuge arbeiten – die Rolle nicht auf der Kachelmitte ansetzen.
► Die empfohlenen Trockenzeiten auf jeden Fall einhalten!

Weitere Auskünfte über
**Knauf Bauprodukte GmbH
Postfach 10
97343 Iphofen
Beratungstelefon:
0 93 23-3 14 51
oder -3 15 53**

Tapeten-Show

Bordüren & Paneelen: Die gezeigten Tapeten und Bordüren stammen aus der Kollektion rasch Portofino *(S. 38 oben)* und rasch Bambino *(S. 38/39).*
Wände zum Besichtigen *(Seite 40): Hier* ein Entwurf des Designers Borek Sipek aus der exklusiven Kollektion rasch Zeitwände.
Spezialität von rasch: Tapeten, zu denen es farblich und vom Muster her passend Stoffe und Bordüren gibt. Und: Tapetenkollektionen, die dem Trend zum Stil-Mix, zu dekorativeren und farbigeren Tapeten und zu größerer Individualität entgegenkommen. Beispiele:

► **rasch Palace:** mit Mustern, Streifen und Borten
► **rasch country und rasch Eden:** Kollektionen im Landhaus-Stil
► **rasch Palladio:** schafft palazzoähnliche Interieurs
► **rasch Portofino:** vermittelt naturverbundenes, mediterranes Wohngefühl
► **rasch young and happy:** bietet frische, fröhliche Dessins für junge Leute
► **rasch-Zeitwände:** spektakuläre Entwürfe internationaler Designer
► **Bauhaus-Tapeten:** für Liebhaber der klassischen Moderne

Weitere Informationen und Bezugsquellen über

**Tapetenfabrik Gebr. Rasch
Postfach 1164, 49562 Bramsche**

Boden-Puzzles

Intarsien im Teppich
(Seiten 44 + 45): Optimales Material dafür ist der Ziegenhaarteppich **tretford**.
► Weil es ihn in 40 Super-Farben gibt.
► Weil er in alle Richtungen schnittfest ist, das heißt, die Intarsien lassen sich sauber und ohne Fusselnähte aneinanderlegen.

tretford gibt es als Bahnenware in 2 m Breite mit einem Juterücken und in Form von 50 x 50 cm großen Fliesen. Sie haben einen Schwerschaumrücken und können lose verlegt werden. Bei Intarsien, die sich aus Quadraten oder Rechtecken zusammensetzen, sind die Fliesen optimal, weil das Zuschneiden und Verlegen damit besonders einfach ist.

tretford ist ein Produkt aus 80 Prozent Ziegenhaar und 20 Prozent Wolle. Das verleiht ihm Eigenschaften, die heute besonders geschätzt werden:

► Er verbessert das Raumklima.
► Er isoliert – das spart Energie.
► Er federt jeden Schritt ab.
► Er ist antistatisch und schluckt Schall.
► Er ist robust, schmutzabweisend und leicht zu pflegen.
► Er ist, weil „nachwachsendes Produkt", umweltschonend.
► Er trägt das GUT-Gütezeichen der Gemeinschaft umweltfreundlicher Teppichboden e.V.

tretford gibt es im Teppichfachhandel. Extra-Service beim tretford-Händler: ein *„tretford Spezial-Schneidetisch"*, wo man sich kleinere oder komplizierte Intarsienteile zuschneiden und verlegen lassen kann.

Adressen verschickt auf Anfrage

**tretford / Weseler Teppich GmbH & Co. KG
Postfach 292, 46464 Wesel**

Power-Strips & Co.

Haken an, Haken ab *(von Seite 77):* Drei fabelhafte Erfindungen aus dem Hause Beiersdorf ersparen das mühselige Abkratzen von Kleberesten an Kacheln und Wänden:

► **tesa Power-Strips System Haken** für Küche und Bad bieten kraftvollen Halt, sind spurlos wieder ablösbar und lassen sich sogar wiederverwenden. Zu haben in vier Formen und sieben beliebten Sanitärfarben.

► **tesa Power-Strips** (ohne Haken) eignen sich optimal zum Befestigen von Bildern, Türschildern, Kalendern und Partydeko. Jeder Strip hält bis zu einem Kilogramm und läßt sich ohne Beschädigung des Untergrundes wieder ablösen.

► **tesa Poster-Strips** befestigen absolut unsichtbar leichte und flache Gegenstände und hinterlassen nach dem Ablösen auch auf empfindlichen Untergründen keine Spuren.

Boden-Puzzles *(von Seite 44 – 51)*: Unentbehrlich zum Verkleben von Teppich-Intarsien *(Seite 44)* und beschichteten Brettern *(Seite 48)* sind

► **tesa Teppich-Fixierung,** normal oder extra stark, in beiden Fällen ohne Lösungsmittel;

► **tesafix-Verlegeband,** ideal für Rand- und Stoßverklebung, eignet sich bestens, um die Einzelteile der Patchwork-Teppiche *(Seite 46 + 51)* auf dem Nadelfilz-Untergrund zusammenzuhalten.

Weitere Informationen über

Beiersdorf AG
tesa Marketing
Unnastraße 48
20245 Hamburg
0 40-5 69-0

Werkzeug

Ohne geht's nicht *(Seite 37):* BOSCH hat alle Maschinen, die man braucht, um die Wohnideen dieses Buches in die Tat umzusetzen. Auch weibliche Heimwerker und weniger Geübte kommen damit gut zurecht. Beispiele:

► **BOSCH Schlagbohrmaschine CSB 550 RP „electronic" mit Power Control:** Zur Realisation von mindestens 32 Wohnideen unentbehrlich. „Power Control" bedeutet, daß das Gerät einen Wahlschalter hat, mit dem sich beim Bohren oder Schrauben die Drehzahl passend zum Material einstellen läßt. Außerdem sorgt eine Regel-Electronic dafür, daß man sanft und sicher anbohren oder -schrauben und dann nach Bedarf auf volle Kraft steigern kann.

► **BOSCH Pendelstichsäge PST 700 PAE „electronic":** braucht man beim Umsetzen von mindestens 20 der beschriebenen Wohnideen.

► **BOSCH Tacker PTK 14 E:** kommt in diesem Buch immerhin 7 mal zum Einsatz, vor allem beim „Zelt-Himmel" *(Seite 92)*, den „Schiebe-Wänden" *(Seite 94)*, der „Copy-Art" und dem „Barock-Pop" *(Seite 103/104)*.

Das BOSCH-Heimwerkerprogramm gibt es beim Fachhandel und in Baumärkten, Informationsmaterial direkt bei

Robert Bosch GmbH
Abt. VGH
Postfach 100156
70745 Leinfelden-Echterdingen